高原湖泊低污染水治理技术及应用

杨逢乐　赵祥华　吴文卫　魏　翔　著

U0317100

北　京

冶 金 工 业 出 版 社

2014

内 容 提 要

本书针对云南高原湖泊径流区 70%～80% 的入湖面源污染负荷及其时空不均、冲击性强等特点，系统地阐述了以河道为纽带的过程与末端相结合的沿程减污体系，并集成河道原位与旁路、前置库塘调蓄沉淀与稳定、湿地水质改善和生态修复等技术及高原湖泊社区共管模式，提出了高原湖泊低污染水集成技术规范，并列举了相关工程实例。

本书既可供环境污染与修复、环境生态学、环境监测、环境治理等专业的师生参考使用，还可供从事相关专业的设计人员、研究人员及管理人员参考使用。

图书在版编目（CIP）数据

高原湖泊低污染水治理技术及应用/杨逢乐等著 . —北京：冶金工业出版社，2014.8
ISBN 978-7-5024-6307-6

Ⅰ.①高… Ⅱ.①杨… Ⅲ.①高原—湖泊污染—污染防治—云南省 Ⅳ.①X524

中国版本图书馆 CIP 数据核字（2014）第 175267 号

出 版 人　谭学余
地　　址　北京市东城区嵩祝院北巷 39 号　邮编　100009　电话　(010)64027926
网　　址　www.cnmip.com.cn　电子信箱　yjcbs@cnmip.com.cn
责任编辑　郭冬艳　美术编辑　吕欣童　版式设计　孙跃红
责任校对　郑　娟　责任印制　李玉山
ISBN 978-7-5024-6307-6
冶金工业出版社出版发行；各地新华书店经销；北京慧美印刷有限公司印刷
2014 年 8 月第 1 版，2014 年 8 月第 1 次印刷
169mm×239mm；9 印张；174 千字；132 页
28.00 元
冶金工业出版社　投稿电话　(010)64027932　投稿信箱　tougao@cnmip.com.cn
冶金工业出版社营销中心　电话　(010)64044283　传真　(010)64027893
冶金书店　地址　北京市东四西大街 46 号(100010)　电话　(010)65289081(兼传真)
冶金工业出版社天猫旗舰店　yjgy.tmall.com
（本书如有印装质量问题，本社营销中心负责退换）

编 委 会

前　言

　　云南省九大高原湖泊流域是全省经济发展的重要区域，该流域产生的 GDP 约占全省的 30%，也是水污染防治和水环境保护的重点区域，流域内 70%~80% 的污染物主要是通过众多的河流进入湖泊的。以滇池为例，通过 35 条河道年均输入 COD、TN、TP 分别占滇池流域污染物负荷量的 72%、78%、80%。而其中有近 75% 的污染负荷主要在雨季入湖，污染负荷在时间和空间上存在巨大的差异。另外，近年来，随着点源的有效治理，入湖污染负荷以面源、污水厂尾水等低污染水为主，具有点多、面广、分散、量大等特点，突发性、暴发性、冲击性极强。入湖污染的这些特征使湖泊污染治理面临新的挑战。

　　本书针对入湖污染负荷的输移规律，以高原湖泊河－湖复合生态系统为研究对象，以入河、入湖污染负荷削减和水环境改善为目标，依托国家"863"项目、国家重大水专项滇池项目、云南省科技厅专项、云南省发改委专项、云南省九湖专项及大量的治理工程项目，针对高原湖泊提出低污染水概念，逐步积累、开发形成了高原湖泊治理——河塘库湿地集成技术，有效改善了河口及湖泊近岸水域的水质，确保了九大高原湖泊在流域社会经济快速发展的同时，还可保持水质的总体稳定，具有良好的环境效益、生态效益和社会效益。

　　本书高度集成了河道原位旁路净化技术、前置库塘调蓄沉淀及净化稳定技术、湿地水质改善和生态修复技术，构成了过程与末端相结合的入湖污染综合防治体系。针对污染较重的河流，强化过程削减，采用河道原位，即以河流自有"腔体"、河边林带、低洼地等作为处理空间，集成接触氧化、生物滤床、土壤渗滤、生态湿地等多项水处理技术，形成以原位、旁路相结合的河道沿程治理综合技术，有效削减了河口及入湖污染负荷；针对源近流短、冲击负荷大的河流，于河流下段、河口及湖湾设置前置库塘系统，包括人工构建的"湖中湖"，有效调蓄沉淀拦截入湖的污染物；在入湖河水得到初步净化的基础上，以河口及湖滨滩涂等作为空间，针对低污染水的特征，人工适度干预构建河口湿地，实现了入湖污染的最后拦截，并逐步恢复河口良性生态系统。通过河库塘湿地的有效组合，能够实现不同类型、不同污染程度、不同水质水量特征河流的旱雨季及全年全天候连续长效的治理。COD、TN、TP 的去除率可达 20% ~ 50%，单位投资 100 ~ 500 元/m^3，单位运行成本 0.01 ~ 0.08 元/m^3。

由于作者水平所限，书中不妥之处，恳请广大读者批评指正。

作 者

2014 年 4 月

目　　录

1 概 论

1.1 湖泊、河流、湿地及其全球分布状况

1.1.1 湖泊与湿地的分布

湖泊与湿地的全球分布非常不均匀。绝大多数面积较大（大于 $100km^2$）的淡水湖泊位于南、北半球 $40°\sim50°$ 的纬度带内，其次就是赤道附近（见图 $1-1$）；咸水湖泊在南半球主要分布在 $30°S$ 附近，北半球主要分布在 $40°\sim50°$，主要是受里海的影响；湿地则主要分布在赤道附近、北半球欧亚大陆及北美大陆的北部地区。

全球的 1522 个大湖（面积均大于 $100km^2$）占了湖泊面积和蓄水量的绝大部分，但与全球 900 万个湖泊和大型池塘（面积均大于 $0.01km^2$）及更多的小型水体相比，其数量是微不足道的。地球上的小型水体主要集中在 $40°N\sim70°N$（见图 $1-1$ 和表 $1-1$）。如瑞典一国的水体就达 10 万个，其中 96% 为小型湖泊或池塘（面积为 $0.1\sim1km^2$）。另如原苏联地区有 2.8 万个水体，其中 98% 是小湖泊或池塘。地图分辨率越高，统计到的水体就越多，池塘或小湖泊所占的比例也就越大。通过卫星影像可以获得高分辨率图像（约 $0.001km^2$）。加拿大大西洋区域

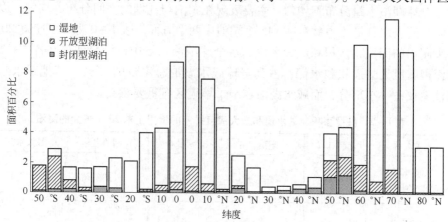

图 $1-1$ 全球湖泊与湿地的分布状况

（其中很多小型湖泊被统计为湿地，$40°N\sim50°N$ 内的咸水湖泊的增加反映了里海的影响；另外要注意赤道附近、北方森林地带和亚北极圈内湿地的重要性）

的 Landsat 5 影像显示约有 2/3 的水体面积小于 $0.01km^2$（1ha）。按这个比例放大至全球，则意味着现存水体中，约有 1.8×10^7 个面积小于 1ha 的小水体，而小河流在数量上占了流水水体的大部分。

表 1-1　基于面积分类的湖泊与水塘

类 型	面积/km^2	湖泊数/个	总面积/km^2
特大湖	>10000	19	997000[①]
大湖	100 ~ 10000	1504	686000
中等湖	1 ~ 100	139000	642000
小湖	0.1 ~ 1	约 1110000[②]	约 288000
大水塘	0.01 ~ 0.1	约 7200000[②]	约 190000
其他水塘	<0.01	ND	ND

注：其中各类湖泊的数目和面积是根据全球湖泊与水塘的分布外延估计得到的，ND 指无法估算。
① 仅里海就有 $374000km^2$。
② 精度较低，根据趋势外延获得。

全球陆地面积（去除冰川覆盖面积）的 2.1%（$2.8 \times 10^6 km^2$）为面积超过 $0.01km^2$ 的湖泊或池塘覆盖。水体覆盖百分比从法国、中国和美国没有被冰川侵蚀的地区不到 0.1%；到斯堪的纳维亚半岛的 9%。俄罗斯北方的部分地区及亚北极区有 40% ~ 70% 的陆地被湿地覆盖，而加拿大的西北地区（未划分成两个区前）有 34% 的陆地为湖泊、湿地或河流覆盖。

1.1.2　淡水与咸水

全球湖泊水量分布不均匀，主要表现在湖泊与池塘的空间分布不均匀，以及 95% 的地表水总量集中蓄存在 145 个湖泊中两个方面。表 1-2 列举了全球 20 个最大湖泊的面积、体积和最大水深。在全球湖泊水量中，淡水和咸水各占一半。里海因其巨大的面积和水深，占到全球咸水湖泊总水量的 75%，其他咸水湖泊或池塘仅占一小部分，而咸水湖泊在半干旱地区有重要意义。

表 1-2　按照面积、蓄水量和最大深度排序的世界上前 20 个最大的湖泊

湖泊名称	面积/km^2	湖泊名称	蓄水量/km^3	湖泊名称	最大水深/m
里海（T）（伊朗、俄罗斯）	374000	里海	78200	贝加尔湖	1741
苏必利尔湖（G+T）（加拿大、美国）	82100	贝加尔湖	22995	坦噶尼喀湖	1471

续表 1-2

湖泊名称	面积/km²	湖泊名称	蓄水量/km³	湖泊名称	最大水深/m
咸海（T）（哈萨克斯坦、乌兹别克斯坦）	43000①	坦噶尼葛湖	17827	里海	1025
维多利亚湖（T）（肯尼亚、坦桑尼亚、乌干达）	62940	苏必利尔湖	12230	马拉维	706
休伦湖（G）（加拿大、美国）	59500	马拉维湖	6140	伊萨克湖	702
密歇根湖（G）（美国）	57750	密歇根湖	4920	大斯拉夫湖	614
坦噶尼葛湖（T）（布隆迪、坦桑尼亚、赞比亚、刚果）	3000	休伦湖	3537	玛塔呐湖（印度尼西亚）	590
贝加尔湖（T）（俄罗斯）	31500	维多利亚湖	2518	克莱特湖（V）（美国）	589
大熊湖（G）（加拿大）	31326	大熊湖	2292	图巴湖（V+T）（印度尼西亚）	529
洞里沙湖（F）（柬埔寨）	30000②③	大斯拉夫湖	2088	萨雷斯湖（塔吉克斯坦）	505
大斯拉夫湖（G）（加拿大）	28568	伊萨克湖（T）（吉尔吉斯）	1738	塔霍湖（T）（美国）	501
乍得湖（T）（乍得、尼日尔、尼日利亚、喀麦隆）	25900④	安大略湖	1637	哈尼达尔斯范登湖（G）（挪威）	514
埃尔湖（G）（美国、加拿大）	25657	咸海	1451	恰伦湖（T）（美国）	489
温尼伯湖（G）（加拿大）	24387	拉多加湖	908	基夫湖（T+V）（卢旺达、刚果）	480
马拉维湖（T）（马拉维、莫桑比克、坦桑尼亚）	22490	的的喀喀湖（T）（玻利维亚、秘鲁）	827	奎斯呐尔湖（G）（加拿大）	475
巴尔喀什湖（T）（哈萨克斯坦）	22000	驯鹿湖（G）（加拿大）	585	亚当斯湖（T）（美国）	457

续表 1 - 2

湖泊名称	面积/km²	湖泊名称	蓄水量/km³	湖泊名称	最大水深/m
安大略湖（G） （加拿大、美国）	19000	赫尔曼德湖 （阿富汗、伊朗）	510	发纳努湖 （智利、阿根廷）	449
拉多加湖（G + T） （俄罗斯）	18130	埃尔湖	483	莫优莎湖（挪威）	449
班韦乌卢湖 （赞比亚）	15100②	乌布苏古尔湖 （蒙古）	480	萨尔斯瓦登湖 （挪威）	445
马拉开波湖（T + G） （委内瑞拉）	13010	温尼伯湖	371	吗呐泊里湖 （新西兰）	443

注: 所在国家已注明，湖泊起源在已知的情况下，分别用 G（冰川）、T（构造）、C（泻湖）、V（火
山）、F（冲积）、M（风成）标明。

①至 2000 年，入湖径流的截留使得该湖面积减小到大约 24200km²，蓄水量减少 84%。

②防洪及灌溉使得该湖面积减至 11000km²。

③该湖面积较大的变化范围是季节性洪水所致。

④干旱使得该湖面积减少到 2500km²。

　　因为盐度过高而不能用于饮用和灌溉，咸水湖泊的经济重要性相对较小。但有时咸水湖泊中沉淀出来的盐（多数是氯化钠）可以被开发利用。此外，内陆咸水湖泊在科学研究方面也具有重要意义，不仅在于其拥有不一般的生物种类，还因其代表水体盐度演变的终点，这对了解生物群落的结构和功能如何随盐度的改变而变化来说是非常重要的。而且还可以以其为模式，预测半干旱地区河流逐步加剧的盐碱化，并对全球变暖引发的蒸发量增加对生态环境的影响进行演示。

　　苏必利尔湖（美国、加拿大）是全球面积最大的淡水湖泊（见表 1 - 2）。贝加尔湖（俄罗斯）是世界第二深的湖泊，其容积巨大，蓄水量占到全球淡水湖泊总水量的 20%。苏必利尔湖、贝加尔湖和坦噶尼葛湖（东非）共同蓄积的水量几乎为全球地表淡水总量的一半（44%）。

　　在全球众多的湖泊中，有些湖泊的地形非常特殊，如深水湖泊克来特湖（美国）和萨尔斯瓦登湖（挪威），它们的面积和深度完全不成比例（见表 1 - 2）。另有一些湖泊的面积发生了很大变化，如位于湄公河三角洲的洞里萨湖（也称大湖，柬埔寨）和位于西非半干旱地区的乍得湖（乍得、尼日尔、尼日利亚、喀麦隆）。乍得湖总面积 2500km²，在最近几十年中已经缩减为许多相互分割的湖泊（或湿地），危及数以百万的农场主、渔民和牧民的生计。但在 20 世纪初，连续的湿润年份曾使得该湖的面积最大达到 25900km²。而在距今 6000 年的高降水时期，乍得湖的面积甚至一度扩展至 300000 ~ 400000km²，在那个时期，撒哈拉沙漠为植被所覆盖，并且其中间隔地散布着浅水湖泊与河流。

全球河流持水量只有湖泊持有水量的2%，但河流每年携带入海的水量却有2700km³。表1-3列举了全球25条最大河流的河口流量、每年平均悬浮质泥沙含量和产量。河流及其相邻的湿地以及与它们紧密关联的地下水为许多生物的生存提供了条件，其中河流又是灌溉、工业和农业以及居民用水的主要来源。

表1-3 全球最大的25条河流及其他一些著名河流

河流名称	流经国家或地区	平均流量 /km³·s⁻¹	集水区面积 /Mm²	携带悬浮物 /Mt·a⁻¹	泥沙侵蚀量 /t·km⁻²·a⁻¹
亚马逊河	哥伦比亚、巴西、秘鲁	212.5	6062	406	67
刚果/扎伊尔河	安哥拉、刚果、民主刚果	39.7	3968	72	18
长江	中国	21.8	1013	561	553
布拉马普特拉河	不丹、中国、印度	19.8	553	813	1469
恒河	不丹、印度	18.7	1047	1626	1551
叶尼塞河	瑞来斯	17.4	2471	11	4
密西西比河	美国	17.3	3185	350	109
奥利诺科河	巴西、哥伦比亚、委内瑞拉	17.0	939	97	103
勒拿河	俄罗斯	15.5	2680	80	30
巴拉那河	阿根廷、玻利维亚	14.9	2278	91	40
圣劳伦斯河	加拿大	14.2	1274	4	3
伊洛瓦底河	中国、缅甸	13.5	362	336	927
鄂毕河	俄罗斯	12.5	2448	16	6
湄公河	柬埔寨、老挝、泰国、越南	11.0	387	190	491
阿姆尔河	中国、俄罗斯	11.0	1822	52	28
托坎廷斯河	巴西	10.2	896	—	—
马更些河	加拿大	7.9	1784	15	8
马格达莱纳河	哥伦比亚	7.0	262	172	656
哥伦比亚河	加拿大	7.2	266	10	
赞比西河	安哥拉、博茨瓦纳、莫桑比克、纳米比亚、赞比亚、民主刚果、津巴布韦	7.1	1280	100	78

河流名称	流经国家或地区	平均流量 /km³·s⁻¹	集水区面积 /Mm²	携带悬浮物 /Mt·a⁻¹	泥沙侵蚀量 /t·km⁻²·a⁻¹
多瑙河	奥地利、保加利亚、德国、克罗地亚、匈牙利、摩尔多瓦、罗马尼亚、斯洛伐克、乌克兰、南斯拉夫社会主义联邦共和国	6.2	806	22	27
尼日尔河	贝宁、几内亚、马里、尼日尔、尼日利亚、塞拉利昂	6.1	1100	5	5
印度河	中国、印度、巴基斯坦	5.6	1231	489	396
育空河	加拿大、美国	5.1	921	88	96
伯朝拉河	俄罗斯	4.1	322	7	22
尼罗河	埃及、埃塞俄比亚、苏丹、乌干达	2.8	2944	124	42
莱茵河	瑞士、德国、法国、荷兰	2.2	145	1	7
里昂河	瑞士、法国	1.7	94	32	340
底格里斯/幼发拉底河	伊拉克、土耳其、叙利亚	1.4	1048	863	823
波河	意大利	1.4	54	17	315
维斯杜拉河	波兰	1.1	191	2	10

注：河流按河口流量、集水面积、平均悬浮质泥沙含量与产量排序。

美国水侵蚀图可以从以下网址查阅：http://nhq.nrcs.usda.gov/land/index/erosionmaps.html。

资料来源：摘自Welcome，1985.

1.2 "典型"湖泊与河流

1.2.1 湖泊

本节的目的是为读者对小型湖泊和溪流等原始生态系统，早期湖沼学研究的温带倾向以及未来的研究展望提供一定的感性认识。一切科学实践都有一定的历史和传统，这些传统对现代科学研究的内容、方法和思路都有着深刻影响，当然教科书中的内容也不例外会受其影响。五大湖（面积均大于 $10000km^2$）和世界上的那些大型河流让人印象深刻，在过去 100 多年中对北温带少数几个淡水系统的研究，使得人们对这些湖泊和河流的结构和功能已经有了一定的了解，而这些水体离附近的大学和研究所往往只有 1~2h 的车程。咸水系统也常常处于人类活动的中心地带，但受到的关注却极少。这些大学或研究所的研究通常也主要由一两个湖泊学家在春、夏两季进行。那些冰川形成的湖泊，面积常常很小（0.1~1.0km²），湖泊学家带几个学生，开着小船或汽艇很容易就可以调查一次。而且，相对于湖泊的面积而言，他们所选择的湖泊深度足以在夏季形成稳定的温跃层，从而满足了对深水中一些现象进行研究的条件。结果数量更多、范围更广的浅水池塘、大型湖泊及其附近的流水系统在以往的研究中常常被忽略。

那些面积小而深度大的湖泊，因水下坡度很陡，往往只有很窄的沿岸带适合水生植物、底栖藻类及与此相关的动、植物生长。陡峭的湖岸、相对较小的浅水区域（沿岸带）以及湿地的缺少，使得人们关注的焦点更多地集中在开阔水域（敞水带），因此相对于结构复杂的浅水区而言，我们对敞水带的了解要多得多。然而与"真正的湖泊"相比，大多数内陆水体都具有面积小、水深浅（见表 1-1）、沿岸带比敞水带面积大的特征。

20 世纪 60 年代以前，湖泊学家几乎只对那些流域植被良好、集水区未受干扰的湖泊开展研究。这些湖泊未受污染，风景宜人，这使得以往的湖泊研究过于强调相对透明、营养盐水平中等或较低的水体。而这样的湖泊主要分布在坡度较大、汇水流畅的流域上游，这个区域面积小、植被较好，湖盆的补给河流也比较少，往往只有一两条汇水区域很小的小河流，其水量和携带的悬浮物、营养盐及有色有机物都很少。这些湖泊透明度较高、水较深且与面积相比容量较大，水流也比较缓慢。相反，低洼地区有许多面积较小、水深较浅以及面积较大、水深更浅、面积与水深不成比例的湖泊，这些湖泊的集水面积更大，营养盐更为丰富。

北温带（植被覆盖度往往很低）的湖泊与河流的水下光照和水温具有明显的季节性变化规律，因而受到更多的关注。低纬度地区光照辐射的季节性大大降低，因此那里的湖泊没有上述北温带水体的变化特点，而是更多地受强烈且多变的降水、径流、河道汇流、土壤侵蚀和风速等的周期性影响。

1.2.2 当务之急

传统湖沼学的主导理论和教科书内容是基于温带贫营养小水体的研究得到的。在过去的 40 年中，对温带浅水、不分层的低洼湖泊及河流的大量研究使得湖泊学家的传统观点发生了很大变化，这些水体的集水面积大、坡度小，且原本就比较高的营养水平在人类工、农业活动影响下进一步升高。

世界上的大湖，尤其是北美的五大湖，一直被看做是非常重要的资源，然而这种资源正受到日益严重的威胁。因此，大量资金被投入到研究这些湖泊和其他内陆海（如俄罗斯的贝加尔湖）的混合与湍流（物理湖沼学）上。物理湖泊研究侧重于研究面积大、风浪作用强烈的水体。而传统对小水体的研究，在湍流、分层、光照等方面获得的知识很有限，因此在这些因素对浮游生物、种类丰度、食物网结构的影响方面就认识不够。五大湖研究中运用了湖沼学与海洋学的研究方法（见图 1 - 2），这有助于把两个学科结合起来。

图 1 - 2　加拿大主要的大户研究船 CSS LIMNOS

（CSS LIMNOS 是一艘全功能的科学船，为联邦政府的渔业与海洋局所有，由安大略省博灵顿的内陆水域中心管理。照片由加拿大渔业与海洋局提供，获公共服务和政府服务部允许复制）

多种类型湖泊（包括咸水湖、极地湖泊和低纬度湖泊）的研究提醒我们，虽然那些所谓典型北温带小水体的研究为湖沼学提供了富有价值的基础知识，但是这些研究提供的数据或概念框架不是对世界任何地区的水体都适用。通过研究各种水体类型逐步获得更普遍的水生态系统模式，从而使得分布密集的欧洲和北美东部的北温带"典型湖泊"的机理可以在更为宽阔的范围内得到认识和解释。

对集水区和大气的认识，使得湖泊研究逐步从一个只关心湖泊本身的学科逐步转化发展成为一个把集水区、湿地、汇水河流以及上覆大气联系在一起的开放的水系统研究学科。

1.3　云南省高原湖泊水环境保护形势

云南省是一个天然湖泊众多的省份，湖泊面积 30km² 以上的有 9 个，属云贵高原湖泊群，故称九大高原湖泊（简称"九湖"），即滇池、阳宗海、抚仙湖、星云湖、杞麓湖、洱海、泸沽湖、程海、异龙湖。分属金沙江、珠江、澜沧江水系，分布于云南省昆明市、玉溪市、大理白族自治州、丽江市和红河哈尼族彝族自治州境内。九湖湖面面积1042km²，湖容量302亿立方米，流域面积8110km²，流域人口505万人。九湖流域人口约占全省人口数的11%，面积占全省国土面积的2.1%，但创造的国内生产总值却占全省经济总量的34%。九大高原湖泊湖面海拔最低的1501m、最高的2690.8m，平均水深最浅的3.9m、最深的158.9m，湖面面积最小的31km²、最大的300余平方公里，蓄水量最少的1亿立方米、最多的206亿立方米；既有宽浅型湖泊，也有深水型湖泊，均属封闭、半封闭湖泊。

1.3.1 云南省九湖水污染治理取得的成效

滇池及其他八个湖泊作为国家和省的水污染综合防治重点区域，经过"九五"、"十五"两个五年计划的实施，湖泊的生态环境得到了改善，环保基础设施建设显著加强。截至"十五"末，九湖流域新增污水处理能力22万吨/日，共建有污水处理厂20座，处理能力达70.2万吨/日（其中滇池流域58.5万吨/日），新增污水管线73.9km，建设城镇中水回用站39座，新建改造生活垃圾处理场13个，新增垃圾处理能力1580吨/日，累计垃圾处理能力2800吨/日，整治入湖河道18条，建成河道减污人工湿地12处，治理小河流38条，治理水土流失面积397.4km²，退田还湖1.3万亩，恢复建设湖滨带83km，农村建设沼气池52608口，建设农村卫生旱厕32km，九湖流域内造林35.7万亩，封山育林66.4万亩，实施农田平衡施肥213.6万亩，建设农村垃圾收集池1587个，打捞水葫芦92万吨，疏浚污染底泥1050万立方米，完成科研项目21项。

近年来，九大高原湖泊也承受着经济社会规模扩张造成的巨大环境压力。部分湖泊由于连续三年干旱，水位下降较多，导致部分指标浓度有所上升，水质有所下降，九湖水体水质主要污染物浓度稍有回升，湖泊与河流水质不容乐观。"十一五"末，"九湖"中，五个湖泊的水质达不到水环境功能要求，水质达标率仅为44.4%；除抚仙湖、泸沽湖保持地表水Ⅰ类水质，洱海在Ⅲ类和Ⅱ类水质间波动，程海为Ⅲ类水质之外，滇池、星云湖、杞麓湖、异龙湖均为劣Ⅴ类水质，阳宗海由于受砷污染降为Ⅳ类水质。九湖的47条入湖河流中，水质达标率仅为19.1%。"十一五"以来，通过湖泊保护与治理重点工程的完成并与原有工程合并发挥环境效益，湖泊生态环境明显改善。但随着城市化进程加快，人口增加和经济快速发展，对湖泊的需求远远超出了湖泊的环境承载能力，湖泊生态修复、湖滨带建设、农村农业面源污染控制缺乏政策支撑，生态建设和面源治理进展缓慢，导致主要入湖污染物总量居高不下，洱海水质正面临着中营养向富营养化转变的危险，抚仙湖水质一些指标正从Ⅰ类向Ⅱ类转变。星云湖、杞麓湖、异龙湖湖体水污染程度有所加剧，湖泊污染控制和治理的难度进一步加大。"九湖"治理仍处于污染治理和生态修复并重的阶段，健康的湖泊生态系统尚未形成，在很大程度上制约了经济社会的可持续发展，九大高原湖泊水质类别的情况见表1-4。

表1-4　2012年九大高原湖泊水质类别情况表

项 目	1月	2月	3月	4月	5月	6月	7月	8月	9月	10月	11月	12月
滇池草海	>Ⅴ	>Ⅴ	>Ⅴ	>Ⅴ	>Ⅴ	>Ⅴ	>Ⅴ	>Ⅴ	>Ⅴ	>Ⅴ	>Ⅴ	>Ⅴ
滇池外海	>Ⅴ	>Ⅴ	>Ⅴ	>Ⅴ	>Ⅴ	>Ⅴ	>Ⅴ	>Ⅴ	>Ⅴ	>Ⅴ	>Ⅴ	>Ⅴ
洱 海	Ⅱ	Ⅲ	Ⅲ	Ⅲ	Ⅲ	Ⅲ	Ⅲ	Ⅲ	Ⅲ	Ⅲ	Ⅱ	Ⅱ
抚仙湖	Ⅰ	Ⅰ	Ⅰ	Ⅰ	Ⅰ	Ⅰ	Ⅰ	Ⅰ	Ⅰ	Ⅰ	Ⅰ	Ⅰ
星云湖	>Ⅴ	>Ⅴ	>Ⅴ	>Ⅴ	>Ⅴ	>Ⅴ	>Ⅴ	>Ⅴ	>Ⅴ	>Ⅴ	>Ⅴ	>Ⅴ
杞麓湖	>Ⅴ	>Ⅴ	>Ⅴ	>Ⅴ	>Ⅴ	>Ⅴ	>Ⅴ	>Ⅴ	>Ⅴ	>Ⅴ	>Ⅴ	>Ⅴ
程 海	Ⅲ	Ⅳ	Ⅳ	Ⅳ	Ⅳ	Ⅳ	Ⅳ	Ⅳ	Ⅳ	Ⅳ	Ⅳ	Ⅳ
泸沽湖	Ⅰ	Ⅰ	Ⅰ	Ⅰ	Ⅰ	Ⅰ	Ⅰ	Ⅰ	Ⅰ	Ⅰ	Ⅰ	Ⅰ
异龙湖	>Ⅴ	>Ⅴ	>Ⅴ	>Ⅴ	>Ⅴ	>Ⅴ	>Ⅴ	>Ⅴ	>Ⅴ	>Ⅴ	>Ⅴ	>Ⅴ
阳宗海	Ⅳ	Ⅳ	Ⅳ	Ⅳ	Ⅳ	Ⅳ	Ⅳ	Ⅳ	Ⅳ	Ⅳ	Ⅳ	Ⅳ

1.3.2　云南省九湖水污染治理的重要性、紧迫性

云南高原湖泊众多，素有"高原明珠"的美誉。九湖流域面积只占全省面积的2.1%，人口约占全省人口数的11%，但却是全省居民最密集、人为活动最频繁、经济最发达的地区，每年创造的国内生产总值占全省的1/3以上。九湖流域还是云南粮食的主产区，汇集全省70%以上的大中型企业，云南的经济中心、重要城市也大多位于九湖流域内，对全省的国民经济和社会发展起着至关重要的作用。长期以来，"九湖"的四大支持功能——大都市发展、农业特别是现代农业发展、旅游业发展、特色产品开发及湖区经济，对云南省经济社会发展具有极其重要的支撑作用。同时，九湖发挥着提供调蓄水资源、防洪涝和实施农业灌溉、保护生态环境、调节湖泊水陆系统循环、栖息繁衍水生动植物、涵养地下水、调节气候和旅游观光等多种功能。云南省生态文明建设、面向西南开放重要桥头堡等一系列重大战略决策中，"加强以大高原湖泊为重点的水污染综合防治，改善环境质量"，成为云南省建设重要的生物多样性库和西南生态安全屏障、支撑云南经济社会可持续发展的重点。主要体现在以下几方面：

（1）保护好九大高原湖泊是云南实现可持续发展的战略选择。九大高原湖

泊虽然流域面积在调节气候、维护环境方面发挥着难于估量的作用。云南是我国水能资源最丰富的省份之一，但由于分布不均衡，开发利用程度低，又是个缺水的省份。云南省国土空间开发的特点是限制开发区和禁止开发区所占比重大，根据相关主体功能区划研究，这一比例占到大约60%以上，而作为重点开发区的滇中地区，面临着水资源、水环境承载力不足等问题。滇中产业新区2010年水资源供需缺口为2.04亿吨，到2020年水资源供需缺口将达到9.34亿吨；螳螂川、龙川江等水环境容量已严重超载，部分城市河段污染严重，跨界水体污染问题突出，水环境容量非常有限。虽然大江大河不少，但许多江河被高山峡谷阻隔，白白流淌而不能为云南省所用。而九大高原湖泊作为巨大的天然水库，长期发挥着蓄水调节功能，成为滋养环境、哺育人民的重要水源。如果失去了九大高原湖泊的水资源，云南良好的生态就难以维系，荒漠化就会出现，多种灾害就会发生。因此，防治高原湖泊的污染，保护好湖泊流域区的生态环境，发挥湖泊的多种功能，对于实现云南经济社会发展与人口、资源、环境相协调具有十分重要的意义，是云南能否实现可持续发展的头等大事。

（2）保护好九大高原湖泊是云南国民经济持续、健康发展的客观需要。九大高原湖泊分布在我省昆明、大理、玉溪、丽江、红河5个地州市的17个县（市、区），虽然流域面积才7817km²，流域内人口380多万，占全省总人口的9.3%，但这一地区每年创造的国内生产总值却占全省的29.4%，在我省经济社会发展中占有举足轻重的位置。云南的几大重点产业，烟草、有色、钢铁、化工等产业主要分布在滇中片区，茶、林、糖、胶等生物加工产业分布在特色农林业资源较为丰富的滇西南、滇南地区。总体上，云南产业布局呈现散、乱、小的特点，产业聚集度不高。九大高原湖泊流域是我省生产力布局重要的资源依托，我省的农业主产区相当一部分集中在这一流域区，许多在国内外知名的旅游区也分布在九大高原湖泊区，不少特色产品的开发也是依托湖泊资源进行的。如滇池、洱海、沪沽湖已成为我国重要的旅游名胜区，阳宗海、抚仙湖的旅游业正呈现方兴未艾之势，玉溪依托"三湖"发展了优势农业，丽江依托程海开发形成了新兴优势产品螺旋藻，滇池周围正迅速发展成为我国乃至亚洲最大的花卉出口加工基地。可以说，以九大高原湖泊为重点的云南高原湖泊群不仅是云南城市经济、农业经济、旅游经济和特色经济发展的支撑力量，而且是全省整体经济的重要依托。如何处理好限制开发区与产业布局的关系，协调好资源环境承载力与重点开发区产业布局的关系，是实现和谐发展、科学发展、跨越发展的关键，是桥头堡生态安全体系建设的重要支撑。从这个意义上说，保护好九大高原湖泊是关系到我省建设绿色经济强省，推动国民经济持续、快速、健康发展的重大战略问题。

（3）保护好九大高原湖泊对改善人民生活质量，实现"以人为本"的发展观具有重要意义。一切人类经济社会活动，其最终目的都是为了促进人类自身更好地发展。"以人为本"的发展观,是人类发展的本质要求和必然选择。改善人的生存环境和提高人的生活质量是"以人为本"发展观的重要内容。九大高原湖泊区是我省人口居住最为密集的地区,全省最重要的一批经济、文化中心就依湖而筑,几百万人在湖边繁衍生息。如在滇池边有昆明,在洱海边有大理,在其他湖泊周围也分布着许多城镇和乡村。九大高原湖泊的环境对这些人的生活有着直接的影响,对全省其他地方的人民生活也有着间接影响。搞好九大高原湖泊水污染治理,改善湖泊的生态环境,是改善人民生存环境,提高生活质量的重要方面。如果九大高原湖泊的水污染加剧,生态环境破坏严重,人民的生存环境就会恶化,不仅谈不上提高生活质量,生活安全也将受到严重威胁。因此,我们强调"以人为本"的发展观,就必须搞好九大高原湖泊生态环境的治理与保护,实现经济建设、城乡建设和生态建设同步规划、同步实施和同步发展,做到经济效益、社会效益和生态效益三统一,把九大高原湖泊区建成我省发展条件最优、自然环境最好、生活环境最佳的地区,创造良好的人居环境,以满足人民日益增长的物质文化生活需要。

(4)保护好九大高原湖泊也是党中央、国务院对云南省的重托。党中央、国务院对云南省滇池等九大高原湖泊的保护非常关心。早在20世纪70年代,滇池的保护就引起周恩来总理等党和国家领导人的关注。改革开放以来,中央政府、中央领导,对云南省以滇池为重点的九大高原湖泊的治理与保护也十分关心,多次作出重要指示。国家科技部、国家环保总局、中科院等部门领导,还亲自到滇池、洱海等湖泊视察,现场指导,给予了多方面的支持和帮助。国家实施西部大开发战略,强调加强生态环境保护与建设是关键。云南省的九大高原湖泊处于我国多条河流的上游,环境状况对下游国家和地区有着直接影响。滇池、洱海和抚仙湖,不仅是云南,而且是国家治理和保护大江大河的重点,滇池已被列为国家重点治理的"三河三湖"之一。因此,保护好"九大高原湖泊",是党中央、国务院对云南省的重托,是我省扎扎实实推进西部大开发,为全国继续作出更大贡献的基础性工作。

面对"九湖"保护和污染治理的严峻形势,"十二五"以来,从组织、管理、制度、技术等各方面,九湖治理保护的力度不断加大。但总体来说,九湖以水环境承载力作为削减总量和控制目标总量的目标管理中,仍然缺乏标准统一的水环境承载力评价指标及评价体系,目标管理缺乏科学支撑;九湖治理中研究和引进了大量技术,但在示范和推广应用中,管理、制度、机制方面仍然存在诸多问题,工程技术应有的环境、经济和社会效益不突出;"九湖""十二五"规划提出了各湖泊分区治理保护方案,但在统筹湖泊流域与区域、维护区域生态安全方面仍然比较薄弱。因此,研究建立九大高原湖泊水环境承载力评价方法及标准体系、为"九湖""治理中目标管理"提供有力的科学依据和支撑;从技术、制度、机制层面解决水污染治理和生态修复系列技术在高原湖泊中推广应用的问题，指导九湖水污染防治工程建设，最大程度发挥其环境、经济和社会效益；针对"九湖"区域经济、社会和环境特征，制定"九湖"分区治理方案，指导流域社会经济结构与布局规划，保障高原湖泊的生态安全，实现以水环境保护优化流域经济社会发展，支撑云南绿色经济强省建设，显得尤为急迫和必要。

1.3.3 九湖清，任重而道远

2000 年以来，云南省委、省政府始终把九湖治理作为头等大事来抓，摆在全省事关经济社会发展的重要位置，采取有力措施，持续开展了大规模的保护和治理工作。九湖水质总体保持稳定，主要污染物稳中有降，部分湖泊水环境有所改善。然而，由于工业化进程、城市人口的增长和生活方式的变化，日益严重的湖泊污染以及水资源短缺成为制约经济社会发展的重大问题，加之湖泊污染存量大，污染源还没有完全杜绝，截污治污体系尚未完善，湖泊生态环境体系尚未形成，目前抚仙湖（Ⅰ类）、泸沽湖（Ⅰ类）、程海（Ⅲ类）达到水环境功能要求，而滇池（劣Ⅴ类）、洱海（Ⅲ类）、星云湖（劣Ⅴ类）、杞麓湖（劣Ⅴ类）、异龙湖（劣Ⅴ类）、阳宗海（Ⅲ类）的主要污染指标虽有明显改善，但还未达到水环境功能要求。

九湖治理是一个复杂的过程。湖泊治理是个世界性的难题，经济发达、人口稠密区的湖泊治理难度更大。

（1）高原湖泊水体富营养化非常严重，是几十年甚至上百年营养沉积的结果，蓝藻暴发频繁，使水体丧失其应有的功能。

（2）湖泊中的营养物来源广、背景浓度异常高，湖泊富营养化进程迅速。高原湖泊污染既有天然源，又有人为源；既有点源污染、面源污染，又有内源污染。污染种类繁多，污染源点多面广，情况复杂，综合整治难度大。

（3）富营养化的产生有其社会、历史的原因，并由相关的多元因素所引发。

（4）污染处理工艺滞后，发展较慢，营养物质去除难度高，至今还没有任何单一的生物、化学和物理措施能够彻底去除污水中的营养物质。

（5）缺少对各种技术的耦合和集成研究，对工程措施的适用性、不同技术组合的集成应用以及工程技术措施对于湖泊生态系统整体性功能影响的研究尚不充分，导致了技术应用与工程实践缺乏系统性和长期性考虑，更多地关注于单一要素，忽视了生态系统整体性功能的发挥。

（6）防治水体富营养化涉及社会、经济、人文、地理、气象、环境、生物、物理、化学等多学科，是水污染治理中最为棘手而又代价昂贵的难题。

（7）湖泊治理涉及领域多，是一个庞大的综合工程。巩固治理成果、提高治理水平、控制污染扩大、修复生态系统、调配流域水量等措施都很必要，是一项庞大的综合系统工程，涉及工业、农业、林业、水利、城建等诸多行业，任何一部分、一个方面的工作都影响整个治理工程的进展。

（8）湖泊治理技术要求高，例如对蓝藻水华爆发的治理至今仍是世界性难题，无成功的经验可以借鉴。

九湖治理是一个艰巨的过程。云南高原湖泊的先天缺陷，决定了污染治理的制约条件最多、困难最大。

（1）云南高原湖泊均属封闭半封闭湖泊，没有大江大河的导入，汇水面积小、产水量少、蒸发量大、降雨集中，大多要依靠回归水的循环和外流域调水才能维持水量平衡，水资源十分短缺，湖泊调蓄能力差，供需矛盾突出。

（2）随着城镇化和工业化的发展，也挤占了流域内的部分水资源量，入湖清水急剧减少，缺乏充足的洁净水对湖泊水体进行置换，水体对污染物的稀释自净能力下降。

（3）云南高原湖泊多数处于城市下游，是城市和沿湖地区各类污水及地表径流的最终纳污水体。同时入湖河道流程短，九湖主要入湖河道约有 180 条，最长的河道仅有 40 多千米，短的只有 3km，这些河道大都流经城镇、村庄和农田，有 2/3 以上的河道处于 V 类、劣 V 类水平，遭受了严重污染。污染控制，特别是对面源污染的控制难度较大。

（4）污水处理率还不高。由于快速的城市化进程，大量城市生活污水来不及处理就被排放到自然水体中；即使经过处理后的尾水仍是地表水 V 类标准。使得湖泊面临的污染负荷较大，常常超过湖泊自身的净化能力，从而使湖泊生态难以恢复。

（5）在长期的自然演化过程和频繁的人类活动中，长期以来大量泥沙和污染物排入湖中，加上历史原因造成的"围湖造田"等不合理的开发活动，致使湖面缩小，湖盆变浅，进入老龄化阶段，一些湖泊出现沼泽化趋势。内源污染物堆积，污染严重，水体自净能力差，生态条件脆弱，经济活动容易导致生态环境的破坏。

（6）由于历史上对森林资源的过度砍伐，致使流域森林植被遭到破坏，目前九湖流域森林覆盖率还不高。流域林种单一，大多以针叶林为主，植被蓄水保土性能差，水土流失严重。

九湖治理也是一个长期的过程。高原湖泊的污染是一个从量变到质变的渐变过程，高原湖泊的治理同样需要一个长期渐进过程，不可能立竿见影，短时间内得到治理。

（1）云南高原湖泊由于本身缺乏外来水源，水体更换缓慢。滇池湖水滞留期为 981 天，洱海为 1105 天，抚仙湖甚至高达 10950 天。

（2）国际、国内严重污染湖泊的治理都经历了一个循序渐进的长期过程。

根据国内外湖泊治理的经验，一般至少需要10~20年才可能取得较明显的效果。例如，日本琵琶湖经过25年的治理，投资近185亿美元，才基本控制住水质和湖泊富营养化继续恶化的趋势，水质才接近Ⅲ类标准。此外，全球至今尚未有湖泊水质恶化后完全恢复的实例。而九湖中的滇池的治理即使从1993年算起，到2011年也才18个年头。

（3）缺乏足够的经济支撑。在目前的国力下，社会还无力集中更多的资金来改善环境质量。

（4）我国的生态文明建设还处在起步阶段，制约高原湖泊的治理。社会公平程度不高，缺乏生态环境的民主治理和公共监督。生态文明建设体系方面不完善，各种考核机制仍然没有摆脱以单纯的GDP模式为标准。环保法规制度和执法方式存在诸多漏洞，市场化手段尚未得到充分运用，使得污染企业得不到应有的惩罚，反而获益匪浅。环境保护缺乏民间文化基础，没有形成政府、企业和民众（尤其是NGO组织）共同参与和监督的模式。

（5）湖泊治理效果的滞后性，使湖泊水质明显改善要有一段时间才能显现。

九湖治理涉及经济社会发展的方方面面，是一项庞大的系统工程，具有复杂性、长期性和艰巨性的特点，需要十几年甚至几十年的坚持不懈努力。同时九湖的治理，在突出湖泊保护治理，建立完善湖泊污染控制体系、湖泊生态保护体系、湖泊融资体系、湖泊环境监管体系、湖泊环境领导责任体系的同时，更应该通过湖泊治理，抓住机遇促进环保产业集群、管理水平、环保科技、环保教育的提高，形成持续健康的高原湖泊保护和治理机制。

1.4 低污染水

随着科学技术的不断发展，人民生活水平的不断提高，水资源污染状况也越来越严重。以我国为例，据2009年国家环境保护部发布的年度《中国环境状况公报》报道，我国七大水系的总体污染状况为轻度污染，主要污染指标为高锰酸盐指数（COD_{Mn}）、五日生化需氧量（BOD_5）和氨氮。而湖泊水库的源水污染则较为严重，主要污染指标为总氮和总磷。不仅我国如此，世界许多其他国家的水源污染状况也不容乐观。面对着这种水资源缺乏，水污染严重的局面，越来越多的国内外学者开始提出"低污染水源水"的概念，并对低污染水源水的处理进行了研究。

低污染水是指受有机污染物污染，部分水质指标超过卫生标准，有机物种类多，性质复杂，但浓度不高的地表水，其中的污染物一部分是水体中动植物分解产生的，另一部分是人工合成的有机物排放带入的。低污染水的水质主要受排入的农业面源污水、工业废水和生活污水的影响，在江河水上表现为氨氮、浊度、有机污染物等指标超标。在湖泊水库水上，表现为富营养化、总氮、总磷、有机污染物等含量超标，造成水质恶化。

在低污染水源水中，其污染物的分散相的情况比较复杂，一般同时存在胶体颗粒、无机离子、藻类个体、溶解性有机物、不溶性有机物等，它们之间是相互联系、密不可分的一个污染物的复杂体系。低污染水源水中的污染物主要分为以下几类：

（1）常规污染物。常规污染物指的是在现有的给水处理工艺中经常测试使用的指标所代表的污染物，主要体现的是在宏观层面上水体的污染状况，各类污染物的总体含量。这些指标主要包括氨氮、高锰酸盐指数（COD_{Mn}）、浊度、色度、总氮、总磷等。其中氨氮和有机污染物是低污染水中最常见的两大主要污染物质，是城镇水质安全保障存在的最大问题，也是对饮用者健康与安全的最大威胁。有研究表明，在供水管网中，氨氮的浓度达到 0.25mg/L 就足以使硝化细菌生长繁殖，而且硝化细菌在代谢过程中会释放出臭味，这些都会影响饮用水的卫生条件和用水安全。而水体中的很多有机污染物会对人体造成直接或间接的毒害作用，并且有机物会对胶体颗粒产生保护作用，影响混凝处理的效果。因此，如何有效的去除这些常规污染物，是水处理工作的一项重要内容，本书将选择常规污染物作为阐述对象。

（2）微量有毒有害污染物。微量和痕量的有毒有害的有机和无机污染物是指这些污染物的浓度虽然非常低，反映在 COD，BOD_5，TOC 等常规指标上微不足道，但其毒性甚大，是致癌、致突变和致畸的物质，对人体健康危害极大，如POPs 类物质（持续性有机污染物）。这类物质虽然不是常规水处理工艺的重点关注对象，但由于其很小的量就可以对环境和人体造成较大的伤害，近年来，水体中此类物质的去除也成为研究的热点。

1.4.1 入湖河流低污染水特征及来源

低污染水源是指水的物理、化学和微生物指标已经不能达到《地面水环境质量标准》中作为生活饮用水水源的水质要求，我们通常认为的低污染水水质指标是优于地表水环境质量标准 V 类标准。水体中污染物单项指标，如混浊度、色度、嗅味、硫化物、氮氧化物、有毒有害物质、病原微生物等超标现象，多数情况下是受有机污染的水源。

1.4.1.1 低污染水源水质特点

低污染水源污染物种类较多，性质较为复杂，但浓度较低微（浓度一般为每升几纳克到几微克数量级）。这些微量的污染物对人体的危害很大，特别是一些有机微污染物质具有致癌、致畸、致突变的作用，而常规的传统净化工艺不能有效地将它们去除。通常其水质特征表现为氨氮、亚硝酸盐、BOD_5、耗氧量等超标、藻类繁殖严重、水体中存在病原微生物、存在溶解性有机污染物、Ames试验为阳性、特定的污染源还会引起色、嗅、味的产生。

1.4.1.2 低污染水源水中污染物的特征

经流域污染源工程治理后达标排放的尾水，其水质虽然符合国家有关标准，但其污染负荷仍可能高于湖泊流域的水质要求，属于低污染水。低污染水如果不能得到有效净化，将对流域水环境造成影响，湖泊水质保护目标就无法实现。湖泊、水库中有机物主要是由以下几种物质组成的：沉积物、有机物（溶解性，非溶解性）、大分子有机物（腐殖质）、藻类和水生动物。各种污染物质之间并没有明显的界限，它们互相融合和包容，在性质上相互渗透和影响。因此，应在污染源工程治理达标排放的基础上，通过建设湿地，塘坝和生态河道等，形成互相关联、共同作用、逐级削减的低污染水处理与净化体系，在水处理过程中需要作为一个整体来考虑。

（1）低污染水源水的污染物及其危害：在受污染水体中，一般同时存在胶体颗粒、无机离子、藻类个体、溶解性有机物、不溶性有机物等，这些污染物相互联系密不可分构成一个复杂的污染物体系。其中胶体主要是指水中存在的细菌、藻类、无机颗粒物（如黏土、氧化铝）、大分子有机化合物（如蛋白质、碳氢化合物）等悬浮颗粒，尺寸在 $1nm \sim 1\mu m$ 之间。有机污染物可分为天然有机物（NOM）和人工合成有机物（SOC）。天然有机化合物是指动植物在自然循环过程中经腐烂分解所产生的物质，包括腐殖质、微生物分泌物、溶解的动物组织及动物的废弃物等，这些有机物大多为有毒的有机污染物，一般难降解，在环境中有一定的残留水平，具有生物富集性、三致（致突变、致畸变、致癌变）作用和毒性的物质，相对于水体中的天然有机物，它们对公众的健康危害更大。

（2）低污染水主要存在以下特征：

1）浓度低。低污染水符合污水排放标准，与未经处理的生活污水或工业废水相比，污染物浓度较低。常规的污水处理措施大多用来处理污染物浓度较高的生活污水或者工业废水等，处理低污染水效果较差。

2）流量大，负荷总量高。九大高原湖泊流域主要入湖河流水质均属于低污染水，总流量大，涉及范围广，治理难度大。虽然水质污染程度较低，污染物浓度不高，但是因为入湖河流总流量大，所以输入湖泊的污染负荷量依然很高。

3）波动性强。温度、降雨量等气候条件会影响流域入湖河流的流量，耕种施肥等农事活动，暴雨冲刷以及地表径流的变化等会影响河流污染物的浓度和负荷量。入湖河流的流量和污染物浓度具有明显的波动性和复杂性，大大增加了河道污染控制与治理的难度。

1.4.2　农业面源污染

大量资料表明，水环境中的有机物有 86% 是由于人为的生产和生活活动所产生的，只有 14% 的有机物来源于自然环境。在人为来源中，城市工业、矿业以及其他工业引起的有机物占 57%，沉淀物中有毒化合物释放引起的有机物占 16%，农业操作过程中有机物流失占 12%，其他为 14%。通常，在污染物浓度较低的情况下，则主要集中在农田排灌水面源污染等方面。

目前公认农业引起的面源污染是水体污染中最主要的问题之一。面源污染也称非点源污染，它是相对于点源污染而言。和点源污染定点排放相比，面源污染起于分散、多样区域，地理边界与发生位置难以识别和确定，因而对其鉴别、防治、管理很困难，治理方法比点源治理要复杂得多。

农业面源污染是指在农业生产活动中，氮、磷等营养物质，农药、重金属等有机和无机污染物、土壤颗粒等沉积物，通过地表径流和地下渗透，造成环境尤其是水域环境的污染。进入 21 世纪，随着人口的迅速膨胀，经济、物质生活的高速增长，高化肥农药用量的集约化农业的普及，大量化肥、农药通过雨水冲淋、农田灌溉、土壤渗透等途径进入江、河、湖、库等水域，使许多地区的湖泊、河流、近海都出现了严重的富营养化问题，严重影响水质。农业面源污染正在成为水体污染的主要原因。其特点为：

（1）分散性和隐蔽性。与点源污染的集中性相反，面源污染具有分散性特征。不同的土地利用状况、地形、地貌、水文等，造成面源污染在空间上的不均匀性。分散排放导致其地理边界和空间位置不易识别。

（2）随机性和间歇性。农业面源污染主要受降雨量和径流过程影响，另外还受到农业生产季节性的影响。因此农业面源污源的发生具有随机性和间歇性。

（3）空间分布的广泛性和不易监测性。面源污染涉及多个污染者，在给定的区域内他们的排放是相互交叉的，加之不同的地理、气候、水文条件对污染物的迁移转化影响很大，因此很难具体监测到单个污染者的排放量。严格来讲，面源污染并非不能具体识别和监测，而是信息和管理成本过高。

（4）污染的滞后性和潜在威胁性。污染物对环境产生的影响是一个量的积累过程，环境的污染是一个从量变到质变的过程。引起农业面源污染的诱因主要是降雨和径流，而污染物需要径流作为载体从而进入水体，经过量的积累后超过水体的自净能力，进而影响到水体水质，表现为污染的滞后性。农业面源污染分布广泛又难以治理，严重破坏生态环境，造成生态失衡，对环境具有较大的威胁性。

我国大多数农业地区仍是粗放型管理，没有达到测土施肥、施药和科学管理的程度。特别是为了取得连续稳定的高产，耕地的复种指数提高，化肥使用量激增，造成严重的面源污染。另外畜禽养殖和水产养殖产生的大量动物粪便与饵料残渣也是主要的污染面源之一。我国 20 多年来的研究表明，63.6% 的河流、湖泊富营养化在太湖、巢湖和滇池流域，流域总氮、总磷比 20 年前分别提高了 10 倍以上，其中 50% 以上的污染负荷由面源污染产生。

通过查阅相关文献，发现目前国际上关于面源污染的研究主要存在两种思路，一种是直接立足于污染物在区域地标的迁移过程，通过对面源污染物输出的三个主要环节：降雨径流、水土流失、污染物迁移的模拟，研究区域污染物输出特征和计算污染物输出量；另一种途径立足于对受纳水体的水质分析，即通过对受纳水体接受的污染物量的分析和计算，研究污染区域污染物输出特征，从而推算出区域的污染物输出量。这两种途径的不同点在于：前者是对输入、输出以及中间过程进行直接解剖和模拟的方法；而后者则属于一种间接方法，抛开污染物在区域地表的实际迁移过程，只以区域污染物的输出为依据，对径流过程的水质和水量进行同步监测，通过大量样本分析出污染物的输出特征。第一种思路所对应的研究方法主要是通过建立面源污染模型等。第二种思路则需要以区域污染物的输出为依据，使用相应的分析方法对获得的流域径流过程的水质水量进行分析研究，以此来反映污染物的输出特征。等标污染负荷评价法（equal standard pollution load method）、多元统计法（multivariate statisticalanalysis）和综合水质标识指数法（comprehensive water quality identification index）等方法都属于这种思路。另外，对整个流域系统及其内部发生的复杂过程进行定量描述，来帮助我们分析面源污染产生的时间和空间特征，识别其主要来源和迁移路径，预报污染产生的负荷及其对水体的影响。代表性的模型有 AGNPS、ANSWERS、MIKE - SHE、SWAT 和 HSPE。

1.4.3 低污染水处理方法

低污染水的治理为我国湖泊环境保护的重要组成部分，经过工程治理达标后排放的尾水或污染较重的沟渠水对湖泊水体来说属于低污染水，以生态工程手段对低污染水进行深度处理，可进一步削减污染负荷，从而满足湖泊流域水环境承载力的需要。其主要生态工程包括：

（1）水陆交错带。我国河流湖泊众多，位于水生生态系统和陆地生态系统间的交错带具有独特的物理、化学、生态特性。交错带内聚集有丰富的植物和动物区系，对整个区域的物质循环起着调控作用。生态交错区控制着流域景观之间的物质流动，水陆交错带的一个重要生态功能就是对流经水陆交错带的物质流和能量流有拦截和过滤作用。水陆交错带的作用类似于半透膜对物质的选择过滤作用。作为陆地或源头水交错带的人工水塘系统具有很强的截留农田径流和非点源污染物的生态功能。研究表明：白洋淀周围水陆交错带的芦苇群落和群落间的沟渠能有效地截留陆源营养物质。其中，有植被 290m 长的小沟对地表径流的总氮截留率是 42%，对总磷截留率是 65%；4m 芦苇根区土壤对地表下径流总氮的截留率是 64%，对总磷的截留率是 92%。

（2）缓冲带。缓冲带是指与受纳水体邻近，有一定宽度，覆有植被，在管理上与农田分割的地带，能减少污染源和河流、湖泊之间的直接连接。10～15m 宽的河边缓冲带能够滞留农田地表径流携带的大部分氮、磷，同时不同类型（灌丛、草坡、山毛榉林）缓冲带的滞留能力主要依赖于植株密度和水位：悬浮物在过滤带内的沉降主要是过滤带糙率增加，引起水流流速降低，延长水流流动时间，增加径流下渗量，降低水流携沙能力。氮在缓冲带内的截留作用主要是随泥沙沉降、反硝化作用、植物吸收，而影响反硝化作用的因素主要有温度，氧化还原能力，可利用的碳源量、氮源量等。磷在缓冲带内的截留主要是磷随泥沙的沉降以及溶解态磷在土壤和植物残留物之间的交换，缓冲带土壤中植物根系的形成有利于过滤作用的增强和吸附容量的扩大。

（3）水塘系统。长江中下游流域存在许多天然或人工水塘，这些水塘间歇性的与河流进行水、养分的交换，同时降低流速，使悬浮物得到沉降，增加水流与生物膜的接触时间，水塘对非点源污染物的滞留和净化能力很强。研究发现，浅水水塘对氮年滞留量约为 $8000kg/hm^2$。我国许多水塘系统主要是通过滞留降雨径流，循环利用水塘截留的径流和营养物质，径流和氮、磷的年滞留率均超过 80%。同时，连接水塘的小沟具有较高的横断面或水深比。植被对径流有过滤作用，使得沟渠能够有效地滞留氮、磷等污染物。水塘系统中的河口型、水塘型河流断面在不同的水文条件（基流、降雨径流）下具有稳定的滞留功能，总磷、总氮的滞留量约占全部滞留量的 60% 以上。

（4）湿地生态系统。湿地是陆地生态系统和水生生态系统之间的过渡地带，其水位通常接近地表，或以浅水形式覆盖地表。湿地一般具有三个特征：周期性的以水生植物生长分布为主；土壤水分饱和或被水覆盖；土壤基质具有明显不透水层。污染物在湿地中的滞留由物理、化学、生物等过程控制，包括氮、磷等随泥沙沉降，泥沙和土壤对污染物的吸附、解吸、氧化还原以及生化过程等，而这些过程又与湿地系统的土壤化学性质、生产力等因素有关。湿地水文的周期性变化影响着湿地系统的土壤氧化还原性、水力传导系数、水深、停留时间及水位变化等。湿地系统通过增加径流下渗量、延缓径流流速（部分湿地流速接近零）、增加停留时间等将污染物滞留并将其降解、转化。

磷在湿地中的滞留由物理、化学、生物等过程控制，包括随泥沙沉降，泥沙和土壤的吸附、解吸、氧化还原以及生化过程等。磷的滞留也依赖于湿地水流流量、速度、停留时间等水力因素，流速过高容易引起泥沙再悬浮，影响湿地的生化、物理化学等过程，以及湿地植物分布、组成等。生长季节温度较高，湿地生态系统中的植物和微生物生命力旺盛，在植物根部形成氧化微环境，促进微生物对有机磷的降解，使得生长季节的磷滞留明显高于休眠季节，磷在湿地中的滞留具有明显的季节性。氮在湿地中的滞留主要通过沉积作用、脱氮作用、植物吸收和渗滤作用等，同时湿地系统土壤的氧化还原性、植被构成（产生有机质）等均影响脱氮过程，进而影响氮的滞留容量。湿地生态系统也是本书阐述的重点。

2 前置库系统

2.1 前置库系统概述

随着工农业生产的迅速发展和人口的迅速增长，云南省内众多高原湖泊及70%~80%的径流区入湖面源污染负荷急剧增加。在"九五"期间97%的工业污染源得以整治，但流域面源污染问题日渐突出，近年来人们正在探索各种面源污染的治理措施，如推广生态农业技术、进行湖滨带建设、加强自然湖泊周边居民养殖畜禽粪便处理等措施，面源污染控制的前置库技术也在逐步引起人们的关注。

20世纪50年代前置库系统技术起源于欧洲，是一种针对小流域内面源污染控制的综合技术。德国的 Klapperl、Beuscholdt，Wilhelmusc，Benndorf J.、Uhlmann Dc.，丹麦的 NyholmE 和前捷克斯洛伐克的 Fiala 等科研人员先后利用前置库治理技术开展了水体的富营养化的研究，他们的研究表明，这种因地制宜的水污染治理措施，对控制面源污染，减少湖泊外源有机污染负荷，特别是去除入湖地表径流中的 N、P 安全有效，具有广泛的应用前景。关于前置库系统的研究，国内外目前主要集中于对面源污染的削减、泥沙去除等方面。而关于综合系统和综合结构研究方面的开发目前还比较缺乏。此外，关于提高前置库净化系统的环境效益、生态效益和景观效益方面仍然有很多空缺。我国目前对于前置库技术的研究和利用还不多，张永春较早介绍过前置库技术，在于桥水库富营养化的研究中，曾在该水库的入库河流入口处设置前置库，采取一定的工程措施，调节来水的前置库区的滞留时间，使泥沙和吸附在泥沙上的污染物质在前置库中沉降。在滇池流域面源控制中前置库技术也得到应用。在学习、总结日本、欧洲等发达国家在前置库系统方面的应用和研究成果基础上，本章节将对前置库系统的分类、组成、净化原理、工艺流程等方面进行深入研究和探索。

2.2 前置库的工艺原理

前置库是指利用水库存在的从上游到下游的水质浓度变化梯度特点，根据水库形态，将水库分为一个或者若干个子库与主库相连，通过延长水力停留时间，促进水中泥沙及营养盐的沉降，同时利用子库中大型水生植物、藻类等进一步吸收、吸附、拦截营养盐，从而降低进入下一级子库或者主库水中的营养盐含量，抑制主库中藻类过度繁殖，减缓富营养化进程，改善水质。典型前置库的示意如图 2 – 1 所示。

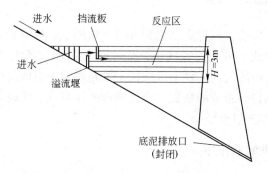

图 2 – 1 典型前置库示意图

前置库净化面源污染的原理，可以分为：沉淀理论、自然降解、微生物降解、水生植物吸收等，其机理如图 2 – 2 所示。

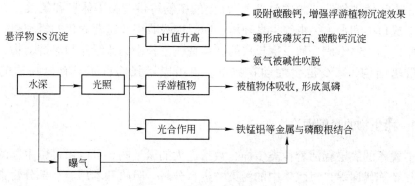

图 2 – 2 前置库的净化机理

2.2.1 沉淀理论

水体中的悬浮颗粒，都因重力和浮力两种力的作用而发生运动，重力大于浮力时，颗粒下沉。在创造一定沉淀空间和水利条件下，水体中固体颗粒污染物可较好的沉淀于某一主要区域。因此，合理的水力停留时间和池深是前置库设计的关键参数。Benndorf 和 Putz 通过十多年的研究发现，前置库夏天 HRT 一般为 2 天，春秋季节为 4~8 天，冬天为 20 天。前置库中的沉降过程受沉积物和絮凝物质的影响，还与生物的组成有关，前置库中若沉降速率较大的藻类（如硅藻）占优势，同时避免各种滤食性浮游动物如水蚤的大量繁殖，防止造成浮游植物生物量的急骤下降和营养物质的大量再矿化，可有效地加大正磷酸盐的沉降和去除。因此可以通过调控浮游植物的生物量来加速溶解性磷的沉淀。

2.2.2 自然降解理论

水中的部分污染物，在特定光照和水温等作用下，少部分可自行降解。一部分可通过气态的形式，散失到大气中，如氮氧化物形成氮气外溢。德国的 Paul 教授经研究发现，硝酸盐的去除率很低，主要是底泥中氮的反硝化，但是底泥的停留时间延长，也将导致磷的释放，因此合理的排泥或底泥疏浚周期是在前置库的设计中必须要考虑的问题。

2.2.3 水生生物的吸收作用

可根据水深，依次栽培挺水植物、沉水浮叶植物、沉水植物和漂浮植物，并在前置库中建立人工浮岛。这些植物在生长繁殖中，能吸收大量的 N、P 等污染物并加以转化和利用。同时，其庞大的根系在吸附颗粒固体污染物后，成为微生物活动频繁的场所，对颗粒污染物可进行降解和利用，最终达到净化水质的作用。在水环境中创造"植物浮岛"，岛上的植物可供鸟类等休息和筑巢，下部植物根形成鱼类和水生昆虫等生息环境，同时能吸收引起富营养化的氮和磷。改变前置库内的生物组成，如以生长快的硅藻替代生长慢的蓝绿藻和浮游动物，调整鱼类群落结构，减少滤食性动物数量，也可以增强前置库对有机物质的去除能力。

2.2.4 微生物的降解理论

前置库的底层存活着种类多样、数量庞大的微生物，可以通过微生物的生命活动和新陈代谢等，对水体中的污染物进行分解、吸收和利用。一部分污染物分解出气态物质可散发到空气中，如氧化的最终产物 CO_2。

前置库去除污染物的能力与光照密切相关，因此水深就成了前置库设计的一个重要参数。适宜的水深能够使悬浮物得以充分沉淀，浮游植物和光合作用均较强烈，污染物的去除达到最大限度。但是设计深度太大将导致底部的光照减弱，影响微生物的作用。同时，前置库水深超过 3m，水中溶氧减少，出现缺氧甚至厌氧环境，最终导致底泥中的固态磷溶解重新释放到水中。另外，增加前置库中 pH 值能够形成偏碱性环境，使磷形成更多的钙盐，而氨也将形成氨气溢出；溶解氧的增加将提高水中氧化还原电位，促使铁锰等金属与磷酸根结合，从而最大限度地发挥前置库的净化作用。

2.2.5 强化前置库系统

传统的前置库是一种相对较小，水滞停留时间为 2～20 天不等的微型水库

（受季节气候影响较为严重）。它们通常紧靠着较大的水质需要改善的主体湖泊或水库。在前置库中营养物质首先通过浮游植物从溶解态转化为颗粒态，接着浮游植物和其他颗粒物质在前置库和主体湖泊、水库连接处沉降下来。沉降过程包括自然过程和絮凝沉降。水体中正常存在着正磷酸盐的化学絮凝和吸附过程，但在前置库中，当 pH 值为 6～8 时，藻类对正磷酸盐的摄取远大于这种物理化学过程。前置库中的沉降过程受沉积物和絮凝物质的影响，还与生物的组成有关，前置库中若沉降速率较大的藻类占优势，避免各种滤食性浮游动物如水蚤的大量繁殖，防治造成浮游植物生物量的急剧下降和营养物质的大量再矿化，可有效地加大正磷酸盐的沉降和去除。改变前置库内的生物组成，如以生长较快的硅藻替代生长较慢的兰绿藻和浮游动物。调整鱼类群落结构，减少滤食性动物数量，可增强前置库对有机物质的去除能力。前置库夏天停留时间一般为 2 天，春秋季为 4～8 天，冬天为 20 天。

据欧洲科研人员 Benndorf J. 对 Saxony 地区 11 个前置库的研究结果表明，前置库在滞水时间为 2～12 天的情况下，对正酸盐的去除率可达 34%～61%，对总磷的去除率可达 22%～64%。对 Eibenstock 地区的 5 个前置库的研究表明，每年 11 月至第二年 4 月期间磷的去除率约为 50%，5～10 月期间为 40%。前置库的设计、建造和运行是影响磷去除率的关键影响因素。在设计过程中要考虑光照、温度、水利参数、水深、滞水时间、前置库库容、汇水能力、污染负荷大小等因子。对 N 的去除率是滞水时间和 N、P 比的函数，一般 N、P 比越小，去除率越大。

砾石床利用水生植物及其根系独特的土壤—植物—微生物系统，使水中的有机质、氮、磷等营养成分发生复杂的物理、化学以及生物的转化过程，同时砾石床中的土壤及砂石通过吸附、截流、过滤、离子交换、络合反应等方式去除水中的氮、磷等营养成分。

综合传统的前置库和砾石床人工湿地对污染物净化的原理，建立强化净化前置库系统，可大大提高对氮、磷等营养物质的去除能力。湿地系统的处理技术。

2.3 前置库的类型

目前，国内大部分前置库技术主要用于处理村落、道路、空地上产生的含有氮、磷等营养盐和有机污染物的地表径流。与人工湖及水库不同，我国大部分高原湖泊属于自然湖泊，地表径流四处漫流，进入湖泊的途径很多，与人工湖或水库不同，可以只建造一座前置库处理所有的来水或者地表径流。针对我国多数高原湖泊所在地，人多地少、水网密集、沟渠纵横等特点，适用于我国高原湖泊的前置库主要有两种类型。

第一种类型的前置库是位于村庄或湖泊周边居民聚集区附近，处理一个村庄或一片居民聚集区地表径流的小型、集约型前置库；另外一类前置库是在高原自然湖泊主入水口附近，处理一定区域内的地表径流，规模相对于前一类前置库系统较大，但仍为紧凑型的前置库。第一类的前置库可有效地收集和就近处理当地地表径流中的污染物，达到削减入湖污染负荷的目的。后一种类型的前置库可直接控制入湖或者入库的污染物质总量，为高原自然湖泊增加一个有效地去除污染物质的污染物缓冲带和保护屏障。

2.4　前置库的组成

前置库由 3 部分组成，即沉降带、强化净化系统、导流与回用系统。强化净化系统又分为浅水生态净化区、深水强化净化区，如图 2－3 所示。

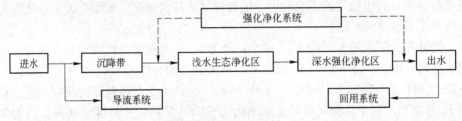

图 2－3　强化净化前置库系统的组成结构图

（1）沉降带：利用现有的沟渠，加以适当改造，并种植芦苇等大型水生植物，对引入处理系统的地表径流中的颗粒物、泥沙等污染物进行拦截、沉淀处理。

（2）强化净化系统：浅水生态净化区，此区域类似于砾石床的人工湿地生态处理系统。首先沉降带出水以潜流方式进入砾石和植物根系组成的具有渗水能力的基质层，污染物质在过滤、沉淀、吸附等物理作用、微生物的生物降解作用、硝化反硝化以及植物吸收等多种形式的净化作用下被高效降解；再进入挺水植物区，进一步吸收氮磷等营养物质，对入库径流进行深度处理。深水强化净化区：利用具有高效净化作用的易沉藻类，具有固化脱氮除磷微生物的漂浮床以及其他高效人工强化净化技术进一步去除 N、P、有机污染物等，并且在区域内可结合污染物类型及浓度进行适当水产养殖。

（3）导流与回用系统：在降暴雨时，为防止前置库系统负荷增加而溢出，把初期雨水引入前置库后，后期雨水通过导流系统流出，处理出水根据需要，经回用系统进行综合利用。

2.5　前置库系统的流程及处理效果

前置库收集的地表径流首先进入有挺水植物（芦苇等）的沉降带，依靠植物的根系和自身的重力作用，大部分泥沙被拦截，并促使其沉降下来，同时可去除水中部分磷和少量的氮。以沉降带流出的水进入浅水生态净化系统，经砾石床及所种植的挺水植物（芦苇、香蒲、茭白等），再去除部分氮磷。浅水净化区出水进入深水强化净化系统，即经典的前置库区，该区水深约 2~3m，通过调整库内的水量、水深、停留时间和生物组成，促进硅藻等易沉降的藻类生长，同时在深水区种植各种漂浮植物和浮叶植物，并投入一定数量的有选择的鱼类，并根据需要设置生物浮床（附带固定化脱氮脱磷菌的水生植物床），以提高氮磷的去除率。根据国内外已经运行的前置库，砾石床人工湿地对污染物净化的效果，沉降带、浅水生态净化区、深水强化净化区的 TN、TP、泥沙的去除率可分别达到 5%~40%、10%~60%、20%~70%，经强化净化前置库系统处理后，预计 TN、TP、泥沙的去除率可分别达到 70%、80%、90% 以上。为防止暴雨期间库区内污水溢出，设置导流系统 20min 后的后期雨水可通过导流系统排出库区。经前置库系统处理后的地表径流，也可以通过回用系统用于农田灌溉。

由于前置库系统中所用的物料主要是各种生物，成品较低，易于管理，所选的植物多为经济作物，可以回收利用，并产生一定的经济效益，便于长效管理和运行。

2.6 前置库技术应用

2.6.1 实验室小室模型

通过静态栽培植物及建立微缩的前置库比例模型，研究各个单元的净化作用并考察强化效果的途径。

（1）对滇池流域已有的本地湿生植物进行调研，从中选择适合前置库削减氮磷营养盐的植物类型；

（2）对初步筛选的植物进行静态培养，确立各植物生物量大小与氮磷及有机物去除效果的关系，并选择适合浮岛栽培和不同水深生长的植物；

（3）设计生态防护墙（专利号：ZL 2008 2 0081535.6），探索降低滇池水体对前置库的冲击方法，并强化净水效果；

（4）研究工程示范区东大河内泥沙和吸附剂对氮磷吸附效果及影响因素。

2.6.2 示范工程及效果强化研究

2.6.2.1 示范工程设计参数

（1）前置库区：建设 743m 长的水体分隔带（生态防护墙），出水口宽度 24m，是东大河河口宽度 12m 的 2 倍，满足河道最大过流量 $10m^3/s$ 的泄流要求。

沉砂池及沉淀区为不规则形状，总面积 64380m²，总容积 89290m³，东西向长约 520m，南北向宽约 150m。沉砂池紧接河口布置，为扩散梯形状，顺流方向长 140m，平均宽度 110m，容积 15580m³。沉砂池后为一般沉淀区，面积为 48800m²，水深 0.75~1.75m。在前置库内水面靠近水体分隔带上建 80 组人工浮岛，浮岛为竹筏浮床框架结构，上面种植李氏禾、鸢尾、茭草等水生植物，总面积 1440m²。植物区分别设挺水植物芦苇、水芹菜区，沉水植物设置金鱼藻、海菜花等区。前置库设计流量为 1.0m³/s，停留时间为 24.8h，剩余水量流向旁边的流湿地。前置库平面布置见图 2-4。

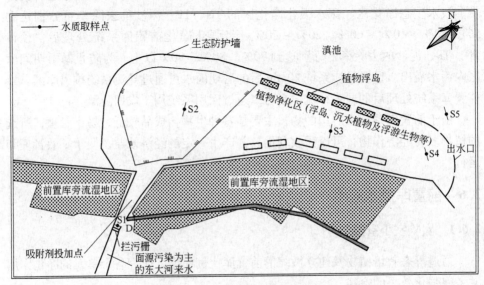

图 2-4   示范工程平面布置图

（2）植物措施：在临近岸边及浅水区种植芦苇、水葱、茭草、鸢尾、水芹菜等挺水植物，在深水区域选择沉水植物如孤尾藻、红线草、菹草、伊乐藻、海菜花、金鱼藻、马来眼子菜，植物栽培采用季节搭配，形成错落有致的植物群落。

（3）稀土吸附剂投加：在格栅后面 100m 河道的中部投加稀土吸附剂，投加量按前置库容积考虑：1.0g/m³，3~6 个月投加一次。

（4）浮岛构建：构建 80 组人工浮岛，采用竹筏框架结构，基质采用示范区腐败植物残体及藤类植物固定，种植李氏禾、水葱、茭草、美人蕉、鸢尾等水生植物，总面积 1440m²。浮岛全部沿生态防护墙布置。

（5）生态防护墙：在前置库区域与滇池外海水体之间，设置自行设计的生态防护墙。沉砂池区域用 6m 长木桩，单排按每米 5 棵形成支撑结构。沉淀区用

6m 桩长和4m 桩长的木桩交替布置，即1棵6m 长桩接3棵4m 长桩，形成支撑结构。墙体内添加陶粒及碎石。表土层种植茭草、滇鼠刺、鸢尾、柳树等植物，生态防护墙的结构如图2-5所示。

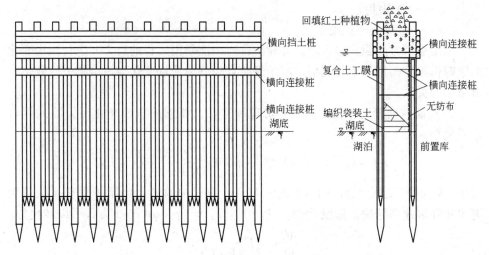

图2-5 试验研究中研制的生态防护墙

2.6.2.2 示范工程研究

由于昆明地区具有四季不明显、雨季较集中的特征，现场试验主要分为旱季及雨季两种情况进行阐述：

（1）对前置库全年（包括旱季、雨季）去除氮、磷、COD、SS 进行跟踪研究，并推算示范工程的污染物削减量。

（2）研究一次暴雨过程（对整个雨季进行跟踪，并着重监测和模拟一次暴雨过程）前置库流场的变化情况，建立了流场模型。流场模型的建立必须基于当地气候、降雨情况及各方面条件因素，在基本模型的基础上做出恰当的调整以适应当地前置库设计的需要。

$$\frac{\partial v}{\partial t} + \frac{u}{g_\xi}\frac{\partial v}{\partial \xi} + \frac{v}{g_\eta}\frac{\partial u}{\partial \eta} = -fu - \frac{g}{g_\eta}\frac{\partial \zeta}{\partial \eta} - \frac{g}{C^2 H}v\sqrt{u^2+v^2} + \frac{u}{g_\xi g_\eta}\left(u\frac{\partial g_\xi}{\partial \eta} - v\frac{\partial g_\eta}{\partial \xi}\right) +$$

$$A_\eta\left(\frac{1}{g_\xi^2}\frac{\partial^2 v}{\partial \xi^2} + \frac{1}{g_\eta^2}\frac{\partial^2 v}{\partial \eta^2}\right)$$

式中　ξ——水位，即基面至水面的垂直距离；

C——谢才系数，$C = 1/nH^{1/6}$，n 为糙率系数；

h——基面下的水深，$H = \xi + h$；

g——重力加速度，取 9.8m/s²；

u，v——为 x，y 方向的垂直流速分量；

　　　A——涡动黏性系数；

　　　f——柯氏力系数，$f = 2w\sin\varphi$；

其中　φ——地理纬度；

　　　w——地球自转速度。

采用交替方向隐式法求解。并对前置库一次暴雨过程前后 25h 进行流场变化的跟踪模拟。模拟结果与现场监测结果吻合较好，流场变化与污染物去除效率有着密切的关系。

（3）研究前置库净化污染物的机理和途径，探索前置库净化污染物的综合水质模型：

$$\frac{\mathrm{d}C}{\mathrm{d}t} = (-k_1 C^p) \cdot (-k_2 C^q) \cdot \left(-k_3 \left|\frac{C}{K+C}\right|^n\right) \cdot (-k_4 C^r)$$

式中，k 为模型综合系数，相当于式中 Monod 方程中的最大比降解速率，k 值越大有机物降解速率越快。假设 $k = k_1 \cdot k_2 \cdot k_3 \cdot k_4$，$m = p + q + n + r$ 方程可以转化为：

$$\frac{\mathrm{d}C}{\mathrm{d}t} = -k \frac{C^m}{(k+C)^n}$$

式中，k 为半饱和常数；m，n 定义为模型的参数，其中 m 为综合效应系数，n 为生物效应系数。

采用微分求解法与现场实测数据进行对比，如 TN、TP 的对比情况如图 2 - 6 与图 2 - 7 所示。

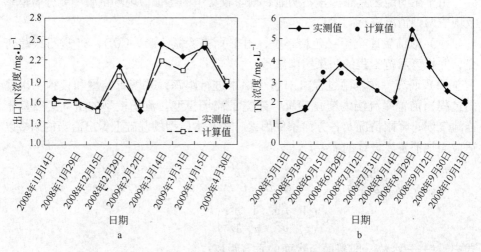

图 2 - 6　TN 实测值与模型计算值关系

（4）监测前置库区的 AOC、BDOC 的去除效果，研究前置库区的生物稳定性，探讨前置库区有机物分子量的分布特点，研究前置库对不同分子量有机物的

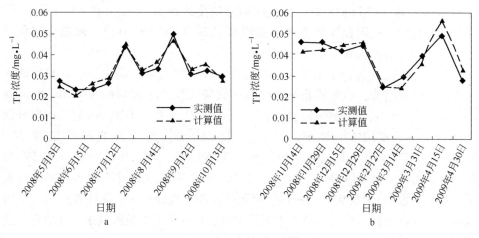

图 2-7 TP 实测值与模型计算值关系
a—旱季; b—雨季

去除效果。

（5）跟踪研究前置库内浮游植物、浮游动物和底栖动物的种群变化，并评价前置库的生态安全性，为前置库技术的推广提供生态学依据。

2.6.3 示范工程研究结论

示范工程的成果从植物的静态选配、吸附剂制备及静态试验、东大河河内泥沙吸附试验等基础研究开始，一直做到示范工程建设及跟踪研究，探讨了前置库综合生态系统在旱季、雨季不同条件下对东大河河水的改善和净化效果，研究了前置库内微生物的动态变化和前置库去除污染物的特性和途径，并采用流场和水质模型对试验结果进行了模拟。综合起来得到以下主要结论：

（1）经过实验室和现场静水培养等方式，初步筛选出挺水植物 5 种、沉水植物 7 种，经适当搭配后，选择的植物对氮、磷、有机物等保持着较高的净化效率。在优先选择的植物中，芦苇、鸢尾、水芹菜、海菜花和金鱼藻氮去除量与生物量增加值的比例分别达到 3731.3mg/kg、2678.3mg/kg、5926.5mg/kg、4656.5mg/kg 和 1457.8mg/kg，水芹菜和海菜花有一定的经济价值。选择的湿生植物对氮磷去除存在正相关关系，两者去除量之比一般保持在（9～12）：1 之间。

（2）新鲜泥沙平衡吸附量随水相初始浓度的变化趋势基本相同，氮磷的最大吸附量分别达到 0.33mg/g 和 1.15mg/g。泥沙对磷的吸附符合 Langmuir 吸附等温式，泥沙对氮的吸附符合 Freundlich 吸附等温式，相关系数 R^2 都在 0.98 以上。稀土吸附剂吸附氮磷的过程符合 Frundlich 模型，且相关性较高。TN、TP 浓度为 4mg/L 和 0.087mg/L 时，最大吸附氮磷量达到 10.8mg/g 和 23.8mg/g。与新鲜泥沙比较，吸附氮磷的能力分别提高了 32.7 倍和 21.0 倍，除被生物利用外，可以通过清淤从底泥中移出。

（3）示范工程运行结果表明，通过投加稀土吸附剂、增设生态防护墙和人工浮岛等强化措施，前置库系统对河流的污染物保持了较高的去除率。在保持 HRT 在 2~3 天时，旱季典型污染物 TN、NH₃-N、TP、COD、SS 的去除率分别达到 45.2%、40.2%、79.3%、30.1% 和 74.4%；雨季时典型污染物 TN、NH₃-N、TP、COD、SS 去除率分别达到 58.2%、77.1%、84%、35.2% 和 86.6%，雨季时净化效果好于旱季。前置库对 TN-TP 去除率存在确定的线性关系，相关系数 R^2 为 0.9425。吸附剂吸附效率高、投加量少，在前置库内的应用成本低，经济可行。配置陶粒的生态防护墙也具有一定的除磷效果，且能有效削减来自滇池水体的冲力负荷，使前置库稳定运行。

（4）前置库示范工程对 AOC、BDOC 生物稳定性指标有较好的去除效果，表明前置库示范工程有利于提高水体的生物稳定性，对 AOC 和 BDOC 的最大净化效率分别达到 89% 和 72.3%。TOC 浓度监测研究表明，前置库示范工程对分子量小的有机物去除能力较强，前置库可有效地拦截进入湖泊的有机污染物，提高生物稳定性。微生物检测显示，随着示范工程运行时间的延续，原生动物如臂尾轮虫、龟甲轮虫等逐渐出现，生物群落逐渐稳定，底泥基质中附着微生物量达到 0.23μg（P）/g 基质，东大河来水水质得到持续改善。

（5）综合考虑 Monod 方程、化学动力学和 Fick 扩散定律，建立了前置库生态型水质综合模型，采用模型计算的 TN、TP、COD 浓度值，与实测数据吻合，模型可以用来解释前置库内污染物的去除途径和机制。水质模型计算结果与流场动力学模拟可以相互解释，水质模型推算与流场动力学模拟结果相互吻合。

（6）建立了流场动力学方程，并对前置库一次暴雨过程前后 25h 进行流场变化的跟踪模拟。模拟结果与现场监测结果吻合较好，流场变化与污染物去除效率有着密切的关系，出口处流速较小时污染物有较大的去除率，当流速突然增大时去除率有所下降。

（7）最大流量为 20m³/s，相应停留时间为 1.24h；洪水重现期为 1 年（暴雨量35.2mm）时，流量为 8.39m³/s，停留时间为 2.96h。设计去除率：SS 为 50%，COD 为 15%，TN 为 10%，TP 为 30%。该项目实施以来，每年最高可减少入湖泥沙 24400t，削减 TN 约 1.31t，TP 约 0.547t，COD 约 22.9t，SS 约 113.7t。沉水植物覆盖率从初期的 8% 提高到 80% 以上。

3 多塘系统

3.1 多塘系统概述

塘系统作为一种简单实用的污水处理技术,广泛用于生活污水、城市污水、农业生产弃水以及暴雨径流的处理。1901年美国在德克萨斯州得圣安东尼奥市修建了第一个有记录的塘系。目前,欧美许多国家已在广泛应用塘系统控制面源污染。美国已建有11000座塘,德国3000座,法国2000座,加拿大有约1000座污水处理塘。据研究表明,塘系统具有很好的去除BOD、COD及病原微生物的能力,且与传统的污水处理法相比具有基建、运行费用低、操作与维护简单等优点;瑞典从1987年开展了大规模的面源污染控制研究,结果表明人工水塘是单位面积上最有效的截留和去除氮磷的环境;美国环保局(EPA)建议滞留塘或池是控制降雨径流的有效方法,在控制过程中应该考虑降雨径流的可变性和间断性,即降雨强度、持续时间、降雨时间间隔等。

过去我国20多年中进行了多处生态塘的设计、建造和运行试验,如在黑龙江的齐齐哈尔市、安达市、山东胶州市、东营市和广东番禺市等,都取得了比较成功的结果。如齐齐哈尔氧化塘属于菌、藻、浮游动物、野生鱼类、水禽等组成的生态塘,其在5~10月期间,其BOD$_5$和SS的去除率为90%~95%,COD为80%~87.5%,7~9月出水的BOD$_5$和SS均小于10mg/L。东营生态塘虽然进水水质随季节变化较大,但出水基本维持稳定,除总磷外,BOD、COD、SS全年可达到二级污水处理厂的一级指标,氨氮除个别月份,也可达标。

针对塘系统中存在的不足,从节约占地、进步效率上进行革新,使技术越来越成为一种实用高效的污水处理工艺。未来的塘处理技术将会有正规化、高效化、系统化及生态化与资源化的特点。从生态学角度出发,走生态化和资源化相结合的道路。在塘系统的研究中,以菌、藻的活动为主体,以主要营养元素C、N、P的迁移为线索,建立系统内各种生物、化学反应之间的联系,使塘处理技术有更大的发展。

3.2 多塘系统的工艺原理

多塘系统主要是利用天然低洼地进行筑坝或人工开挖等作为处理空间,以太阳能作为初始能量,通过在塘中种植水生植物,进行生产,形成人工生态系统,在太阳能作为初始能量的推动下，通过塘中多条食物链的物质迁移、转化和能量的逐级传递、转化，将进入塘中污水的有机污染物进行降解和转化，其中多级串联塘对污染物具有较稳定的处理效果。

3.3　多塘系统的类型

3.3.1　按供氧方式

塘的类型按功能、供氧方式和优势微生物来分，可分为好氧塘、兼性塘、厌氧塘以及曝气塘。

（1）好氧塘。为使阳光能达到塘底，好氧塘的深度较浅，通常为 30 ~ 150cm。其作用机理如图 3 - 1 所示。根据其进水浓度不同，好氧塘可分为普通好氧塘、高负荷好氧塘和深度处理好氧塘。

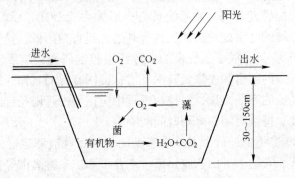

图 3 - 1　好氧塘作用机理示意图

（2）厌氧塘。厌氧塘是塘系统净化中用于厌氧处理的一种构筑物。污水在厌氧条件下，利用厌氧微生物把有机物降解为简单的无机物。厌氧塘面积一般较小，但深度较大，通常水深在 2 ~ 5m。必要时还在水面加覆盖物。BOD 去除率为 50% 左右。污染物负荷量较大，适于处理 BOD 浓度高的污水，如养殖废水、屠宰废水等。BOD 负荷为 300 ~ 500kg/（ha·d），最高负荷达 2000 ~ 3000kg/（ha·d）。一般设置在前段作为生物稳定塘的预处理塘。其作用机理如图 3 - 2 所示。

（3）兼性塘。兼性塘是目前应用最广泛的稳定塘，一般水位深 1 ~ 2.5m，塘内存在三个区域，塘的上层类似于好氧塘，阳光能透射，藻类光合作用旺盛，DO 充足，由好氧微生物对有机物进行氧化分解，其作用机理如图 3 - 3 所示。

（4）曝气塘。曝气塘是一类依靠机械曝气或扩散作用供氧的稳定塘，许多曝气塘是由超负荷的兼性塘改造而来的，水位深一般为 2 ~ 3m，水力停留时间 3 ~ 10d。曝气塘的优点是易于操作和维护，污水在塘中分布均匀，占地面积较

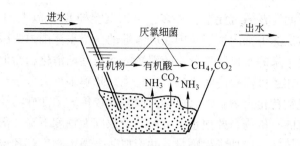

图 3-2 厌氧塘作用机理示意图

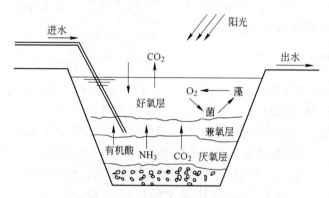

图 3-3 兼性塘作用机理示意图

少,有机负荷及 BOD 去除率较高。

3.3.2 按功能分类

(1)植物沉淀塘。以漂浮植物种植为主,以颗粒态污染物为主要去除对象,通过沉砂、植物化感沉淀、根系吸附、植物吸收等作用,实现植物强化沉淀处理;

(2)植物氧化塘。搭配种植并抚育多种沉水植物,利用沉水植物的高比面积和高沁氧性,形成好氧环境、通过吸附、氧化、吸收等作用有效去除溶解态的污染物;

(3)生物稳定塘。通过多种植物、动物、底栖生物的合理搭配,实现水体的持续净化与改善,逐步引导,形成稳定、健康的水生生态系统。

3.4 多塘系统的组成

3.4.1 厌氧塘

厌氧塘为多塘系统中不可缺少的重要组成部分。其作用为:作为污水预处理塘，由于沉淀时间比普通沉淀池长许多，可以沉淀掉 80% 以上的 SS。尤其是无机物几乎全部被沉淀下来。由于集中在厌氧塘的一个小范围内，因此悬浮颗粒物不难去除。沉淀下来的有机物部分也随泥龄的增长逐渐消化，污泥甚少，除泥容易。除此之外，它还可以提高污水的可生化性，降解多种大分子有机物，并将这部分不溶性有机物转化为溶解性有机物。厌氧塘较传统的活性污泥法可以去除一些难以好氧降解的有机物，并使水中金属离子浓度大幅度下降。部分厌氧塘设计采用了内装纤维填料，增加了生物量，并形成适合微生物生存和保持活性的小环境，从而强化了 BOD_5 的去除效果，使 BOD_5 去除率达到 60% 以上，比普通厌氧塘提高了 10%～20%，尤其是在寒冷季节，强化效果会明显提高，可以解决北方地区寒冷季节运行效果差的难题。

3.4.2　兼性塘 I 和兼性塘 II

由于兼性塘能经受进水水质负荷冲击，被多塘系统广泛采用。兼性塘 I 和兼性塘 II 一般采用串联设计，一般将兼性塘 I 的有效水深设计为 2m 左右，BOD_5 的去除率为 23%，停留时间保持在 12.3 天左右。在兼性塘 I 出水以后，可以充分利用兼性塘 I 与兼性塘 II 之间的高度落差，形成跌水曝气，可有效提高 BOD_5 的去除效果，使污水的 BOD_5 去除率达到 33% 左右，停留时间为 13.7 天。兼性塘中底泥极少，运行十年后其储泥厚度仅为 0.2m，降低了人工及维护成本。

3.4.3　好氧塘

好氧塘净化污水能力较强，当好氧塘有效水深保持在 1m 左右，BOD_5 的去除率为 21%，停留时间为 8.2 天。冬季最冷时，若好氧塘塘面出现结冰现象，好氧塘无法正常运行，但因为冬季进水量将减少 30% 左右，实际总停留时间可使整个多塘系统增加 14 天，仍然可以保证冬季的出水水质。

3.4.4　多塘系统流程图

多塘系统流程图如图 3-4 所示。

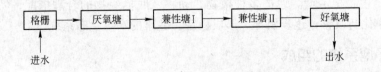

图 3-4　多塘系统流程图

3.5 多塘系统技术应用

（1）塘址选择。塘系统占地面积较大，应尽可能利用废旧河道、低洼地、沼泽和贫瘠地等；为了防止臭气的干扰，塘址应处于居民区主导风下风向，距离约 500~1000m 为宜。出水尽可能考虑农灌、绿化等综合利用问题，以求经济、环境、社会效益的统一。

（2）塘型及其组合。塘型的选择应从处理对象的水质特征出发，结合当地气候、地形条件确定。例如，在光照充足没有持续冰封期的地区，可选用好氧塘；而在处理高浓度有机废水时，应在系统中设置厌氧塘；另外，根据原水性质及处理水的用途和要求，宜采用多塘或多型塘组合系统。

（3）设计参数。不同类型塘系统主要设计参数见表 3-1，不同功能的塘系统主要设计参数见表 3-2。

表 3-1 不同类型塘系统主要设计参数

参 数	好氧塘	兼性塘	厌氧塘	曝气塘
塘深/m	0.3~1.5	1~2.5	2~5	2~3
停留时间/d	2~10	3	2~5	3~10
BOD_5 负荷/mg·$(m^2 \cdot d)^{-1}$	2~40	4~10	40~600	10~50
BOD_5 去除率/%	30~40	20~30	30~50	40~70
水力负荷/$m^3 \cdot (m^2 \cdot d)^{-1}$	0.004~0.005（BOD_5 >100mg/L）；0.08~0.15（$BOD_5 \leqslant$ 100mg/L）			

表 3-2 不同功能塘系统主要设计参数

参 数	植物沉淀塘	植物氧化塘	生物稳定塘
塘深/m	1.5~2.5	1~1.5	0.5~1.5
停留时间/d	3~5	2~4	2~5
BOD_5 负荷/mg·$(m^2 \cdot d)^{-1}$	20~40	10~30	<10
BOD_5 去除率/%	10~20	10~20	5~10
水力负荷/$m^3 \cdot (m^2 \cdot d)^{-1}$	0.05~0.2（$BOD_5 \leqslant$ 100mg/L）		

（4）塘系统的构建。多塘系统构建主要根据来水的水力条件，即废水在塘内的流动特征，如塘内存在沟流、短流和返混，将使废水在塘内混合传质过程中受到影响，有机物的去除率将下降。因此，本成果总结以往工程运行经验，形成以下多塘系统集成体系：

1）塘的个数不少于 3 个，串联运行；如：厌氧塘—兼性塘（或曝气塘）—

生物稳定塘（兼性塘或厌氧塘），具体根据来水的水质情况确定；

2）单个塘的面积不大于 $5000m^2$ 为度；塘形如为矩形，长宽比应大于3；

3）进口距塘底0.5m，以多点进水为佳，出口应尽可能远离进口；

4）为避免"短路"现象，尽量设置导流墙，横向导流长度为塘宽的0.8倍，纵向导流墙长度为塘长的0.7倍；

5）塘堤的最大和最小坡度分别为3∶1和6∶1。

4 湿 地 系 统

4.1 湿地系统概述

随着人口剧增、工业化及城市化进程的加速，水污染问题日趋严重，保护水环境的任务变得越来越艰巨。在各种污水处理方法中，生态处理技术由于投资少、操作简单、处理效果好、抗冲击力强，同时可使污水处理与创建生态景观有机结合起来，具有良好的环境效益、经济效益及社会效益，已逐渐被越来越多的国家接受，并广泛予以应用。

人工湿地（constructed wetland）是近30年来在自然湿地降解污水的基础上发展起来的污水处理生态工程技术，是由人工建造和控制运行的与沼泽地类似的地面，将污水、污泥有控制的投配到人工建造的湿地上，污水与污泥在沿一定方向流动的过程中，主要利用土壤、人工介质、植物、微生物的物理、化学、生物三重协同作用，对污水、污泥进行处理的一种技术。其作用机理包括吸附、滞留、过滤、氧化还原、沉淀、微生物分解、转化、植物遮蔽、残留物积累、蒸腾水分和养分吸收及各类动物的作用。人工湿地是人为地将土壤、沙、石等材料按一定比例组成基质，并栽种经过选择的耐污植物，培育多种微生物，组成类似于自然湿地的一种新型污水净化系统。采用人工湿地净化污水最早始于1953年德国的Max Planck，该研究所的Seidel博士在研究中发现芦苇能去除大量有机和无机物。随后在1972年由Kickuth提出的根区理论，掀起了人工湿地研究与应用的热潮。在20世纪70年代末和80年代初，仅在丹麦就建立了30多个人工湿地废水处理场，在欧洲则有5000多个潜流人工湿地污水处理系统。目前，国外不少学者和工程技术人员通过对人工湿地处理工艺的改进和组合，已成功用于处理各类不同的水体，包括家畜与家禽的粪水、尾矿排出液、工业污水、农业废水、垃圾场渗滤液、城市暴雨径流或生活污水、富营养化湖水等等。而且其应用不再局限于气候较暖和的地区，在严寒地区也能取得很好的运行效果。

我国是在20世纪80年代中期开始对人工湿地处理污水技术进行研究的，并在1990年建成了我国第一个完整的处理城镇污水的人工湿地示范工程——深圳白泥坑人工湿地污水处理系统，随后分别在北京、天津、深圳、上海和四川等地建立了不同类型的试验或示范人工湿地污水处理系统。目前人工湿地在国内的处理范围也很广泛，包括城镇生活污水的处理，农业、畜牧业、食品、矿山等工农业废水的处理、城市或公路径流等非点源污染的处理等。目前由于资金的缺乏及对污水处理难度大等问题，使得小城镇企业不断产生大量废水就地排放，污染了周边的环境，影响了人民的生活质量。因此，具有高效率、低成本、低维护技术、低能耗等优点的人工湿地污水处理系统，基本符合低碳经济原则，在我国特别是中小城镇及广大农村具有广阔的应用前景。

4.2　人工湿地的工艺原理

4.2.1　悬浮固体（SS）的去除

人工湿地去除悬浮固体的基本机理为絮凝和胶体颗粒的沉淀，在湿地中相对低速的水流和大的接触表面使得系统中的 TSS（总悬浮固体）去除率相对较高，固态悬浮物被大量的植物根系和饱和状态的基质阻挡截留。另外，TSS 通过在砾石和根区面的生物膜上的重力沉淀（自由沉淀和絮凝）、渗透、吸附作用而被分离。

4.2.2　有机物的去除

人工湿地对有机物具有较强的净化能力。微生物在具有巨大比表面积的土壤颗粒表面会形成一层生物膜。当污水流经土壤颗粒表面时，不溶性的有机物将通过基质的沉淀、过滤和吸附作用，很快被截留，然后被微小生物利用；可溶性有机物则通过植物根系生物膜的吸附、吸收及微生物的代谢过程被分解去除。污水中的大部分有机物最终被异养微生物转化为微生物体、二氧化碳、甲烷、水、无机氮和无机磷。

4.2.3　氮的去除

氮主要是通过微生物的硝化和反硝化作用、植物的吸收、氨的挥发以及基质的吸附和过滤等过程而被去除的。污水中无机态氮作为植物生长所需的营养元素可以被人工湿地中的植物吸收，合成植物蛋白质，最后通过收割植物从湿地系统中去除，但这一部分氮仅占总氮量的 8%～16%。而污水中有机态氮一般会被微生物分解与转化，生成的可溶性 NH_4^+，一部分在较长的停留时间与较高的 pH 值下转化为氨气挥发至大气中而除去；一部分则被好氧微生物转换成氧化态氮（NO_3^-、NO_2^-），再经由植物的吸收而去除。

4.2.4　磷的去除

磷的去除是通过植物的吸收、微生物的积累同化和基质的吸附沉淀等共同作用完成的。首先，水生植物能够吸收污水中的无机磷并将其同化为自身有机成分，再通过收割水生植物而将磷从系统中去除；其次，磷细菌能将有机磷和溶解性较差的磷转化为溶解性的无机磷，以利于植物的吸收；再次，若介质（土壤或基质）中含有铁、铝、钙等氧化物，则能够通过吸附或离子交换作用将磷转化为溶解度很低的磷酸铁、磷酸铝或磷酸钙而被去除；最后，在人工湿地特殊的好氧、厌氧状态下，聚磷菌过量聚磷的作用也能够达到去除磷的目的。基质对磷的吸附沉淀作用是人工湿地系统去除磷的最主要途径，植物吸收对有机磷的去除效率影响不大，但无机磷以植物的吸收作用为主，这与芦苇等大型植物长期生长对无机磷的需求密切相关。

4.2.5 重金属的去除

污水中重金属离子浓度一般很低。不能与无机阴离子形成金属沉淀，所以人工湿地对重金属的去除主要是土壤中有机质与重金属发生络合反应，生成对土壤具有较强亲和性的络合物。同时，土壤中的微生物通过胞外络合、胞外沉淀作用来固定重金属，还可把重金属转化为低毒状态。另外，植物可以吸收溶解态的重金属并将其积累在体内，然后通过收割植物而将重金属从湿地中去除。同时大片密集的植株以及它们发达的根区网络系统和浸水凋落物，可使进入湿地的污水流速减慢，这样有利于吸附水中的重金属。此外，不溶性的重金属可被介质的过滤作用截留。

4.3 人工湿地的类型

根据布水方式和水流形态的差异，人工湿地系统主要分为表面流人工湿地（Surface Flow Wetlands，简称 FWS）、水平潜流人工湿地（Subsurface Flow Wetlands，简称 SSF）、垂直流人工湿地（Vertical Flow Wetlands，简称 VFW）三大类，详见表 4 - 1。

表 4 - 1 三类人工湿地的区别与联系

特征指标	表面流人工湿地	水平潜流人工湿地	垂直流人工湿地
水体流动	表面慢流	基质下水平流动	表面向基质底部垂直流动
水力负荷	较低	较高	较高
去污效果	一般	对 BOD、COD 等有机质和重金属去除效果较好	对 N、P 去除效果好
系统控制	简单、受季节影响大	相对复杂	相对复杂
环境状况	夏季有恶臭、滋生蚊虫现象	良好	夏季有恶臭、滋生蚊虫现象

表面流湿地为自由水面湿地，废水在湿地中形成一层地表水流。以较慢的流速水平流动。它与自然湿地极为相似，污水是直接暴露在大气中的，这易导致污

水中的细菌、颗粒等污染物散播到大气中而造成二次污染，同时其负荷小、处理效果差、运行受气候影响也比较大，在寒冷地区污水易结冰而影响处理效果，表面流湿地对区域的选择性较大，且处理效果有限，目前只在个别适于使用自由水面湿地的地区还有应用。如图4-1所示。

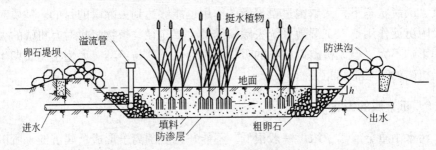

图4-1 表面流湿地

水平潜流湿地为地下水流湿地，污水通过布水管道以水平渗透或垂直渗透形式通过填料。在水床最低位运行，床体表面种植处理性能好、成活率高的水生植物（芦苇、茭白等），布水方式类似于微灌、滴灌。净化后的水体经集水管道收集排放。另外，在床底铺上聚氯乙烯制成的防渗膜，可防止地下水污染。用水平潜流湿地处理污水，BOD、COD（化学需氧量）等有机物和重金属的去除率会增高，且受气候影响小，夏季无臭味、无蚊虫滋生，在寒冷地区也可以正常运行。目前国际上采用较多的是这种工艺。如图4-2所示。

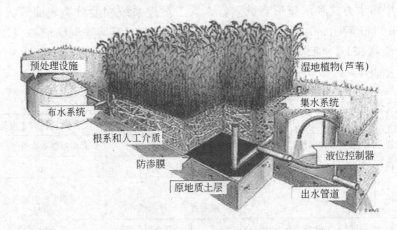

图4-2 水平潜流湿地

垂直流湿地的污水从湿地表面纵向流向填料床底部，床体处于不饱和状态。氧气可通过大气扩散和植物传输进入湿地系统。该系统的硝化能力比较高，可用于处理氨氮含量较高的污水，但其处理有机物能力欠佳，过程控制复杂，夏季易滋生蚊蝇，建造要求高，所以使用较少。如图4-3所示。

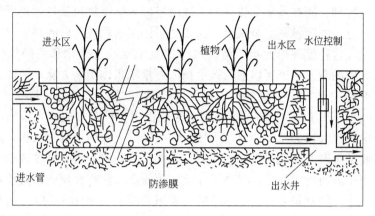

图4-3　垂直流湿地

4.4　人工湿地的组成

4.4.1　基质

　　基质又称填料、滤料，常常是人为设计的，一般由土壤黏粒、细沙、粗砂、砾石、碎瓦片或灰渣等构成。这些基质为微生物和水生植物的生长繁殖提供了基础碳源和氮源等营养物质，以及稳定的依附表面，同时也是湿地物理化学和生物反应的主要界面之一。当污水流经人工湿地时，基质通过一些物理和化学途径（如吸收、吸附、过滤、离子交换、络合反应等）来净化除去污水中的N、P等营养物质。不同基质对人工湿地净化污水能力的影响是不同的，如廖婧琳等人研究发现不同基质对磷的吸附能力差异比较大，其中赤泥对磷的吸附能力最强，铝矿土次之，陶粒和砂子则比较低；不同的基质在人工湿地中的使用寿命不同，赤泥可以使用大约3个月，而陶粒则小于6个月。另外，基质也影响了人工湿地的稳定性，如澳大利亚某人工湿地在运行1~2年后，对磷的去除效率开始下降，而美国某人工湿地在经过4~5年的运行后，对磷的去除率才开始降低。因此为了提高人工湿地的污水处理效果，选择基质时，应优先选择一些通透性好、比表面面积大、吸附能力强、寿命长的多孔介质。本书4.5小节将对人工湿地的基质做进一步深入的阐述。

4.4.2　水生植物

　　水生植物能直接吸收利用污水中的营养物质，供其生长发育，同时还能吸附、富集一些有毒、有害的物质，如重金属铅、镉、汞、砷等。此外，水生植物还有传输氧气的作用。它能将光合作用产生的氧气传输至根际区并使根毛周围形成一个好氧区域，而在离根毛较远的区域由于好氧微生物对氧气的利用使其呈现缺氧状态，更远的区域则完全厌氧，这相当于许多串联或并联的好氧、缺氧、厌氧处理单元。这种处理单元可以将废水中的氮元素通过硝化和反硝化作用来去除。而污水中的磷元素则可以通过微生物的过量积累作用来去除。因此，水生植物在人工湿地去除铵、亚硝酸盐、硝酸盐、磷酸盐、SS（悬浮固体）和COD（生化需氧量）等方面起着直接或间接的重要作用。很多湿地的大型挺水植物在水中部分能附生大量的藻类，这也为微生物提供了更大的接触表面积。此外，由于水生植物的根系对介质具有穿透作用，从而在介质中形成了许多微小的气窝或间隙，减小了介质的封闭性，增强了介质的疏松度，使得介质的水力传输得到加强和维持。水生植物是人工湿地系统的重要组成成分（见图4-4）。选择合适的水生植物是人工湿地净化污水效果的保证。在植物的选择上应优先采用本土植物，筛选出各种耐污能力强、处理效果好、根系发达、成活率高、美观及具有经济价值的耐水性草本、木本植物。另外需注意的是，为了防止水生植物的残枝落叶对处理的水质造成二次污染，需要及时对水生植物进行收割和清理。本书4.6小节将对人工湿地的植物选择做出更深入的探讨。

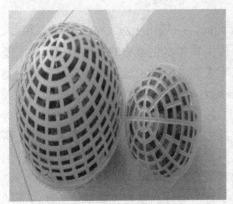

图4-4   人工湿地常见基质用料

4.4.3   微生物

微生物是人工湿地净化污水的主要"执行者"。它们能将污水中的有机质转化为自身的营养物质和能量。人工湿地中的优势菌种有假单胞杆菌属、产碱杆菌属和黄杆菌属。均为生长快速的微生物，其体内含有降解质粒。是分解有机物的主体微生物种群。在水生植物根系表面及附近的氧化状态区域的废水中大部分有机物质被好氧微生物分解成为二氧化碳和水，有机氮化物等则被硝化细菌所硝化。而在湿地中的还原状态区域，则有机物被厌氧细菌分解发酵。

4.5 人工湿地的基质研究

基质是人工湿地的重要组成部分，关系着湿地的净化能力和使用寿命。本节综述近年来人工湿地基质的研究成果，包括基质在人工湿地污水处理中的重要作用，不同基质的去污效果，基质脱氮除磷的机理与影响因素，形成淤堵的机理及防堵措施，论述基质的选择与配置原则，提出今后研究的重点。

4.5.1 人工湿地的基质介绍

人工湿地的基本组成包括基质、植物和微生物。湿地净化污水是通过湿地中基质、植物和微生物之间的物理、化学、生物化学等过程协同作用来完成的。

基质又称填料，传统的人工湿地基质主要包括土壤、砂、砾石等，近年来包括沸石、石灰石、页岩、塑料、陶瓷等，具有优秀性能的材料也被作为人工湿地基质进行研究和应用。人为设计将不同粒径的填充材料按一定厚度铺成人工湿地床体，供植物生长、微生物附着，该体系具有过滤、沉淀、吸附和絮凝等作用，能将水体中的 SS、N、P 等营养物质有效去除，同时为植物、微生物生长以及氧气传输提供了必备条件。基质是将污水转变成清水以及水生植物和微生物赖以生存的场所，是有机污染物转为无机无毒物质的枢纽，其组成直接关系到氮磷的净化效率等。

4.5.2 基质的作用与处理效果研究

4.5.2.1 基质在人工湿地中的作用

基质是人工湿地不可缺少的组成部分，大部分物理、化学和生物反应等都在基质中进行。基质为人工湿地中的水生植物提供载体和营养物质，为微生物的生长提供稳定的依附表面，同时在污水的净化过程中起到重要作用。基质的净化功能包括：

（1）基质中植物根系吸收、转化、降解和生物合成作用；
（2）基质中微生物降解、转化和生物固定化作用；
（3）基质的无机、有机胶体及其复合体的络合和沉淀作用；
（4）基质离子交换作用；
（5）基质和植物的机械阻留作用；
（6）基质的气体扩散作用。

不同基质为植物和微生物提供的生存环境不同，从而会影响水处理的效果。

4.5.2.2   不同基质的去污能力研究

不同的基质材料对不同污染物的去除能力不同，在这方面我国学者做了大量研究。汤显强等选取页岩、粗砾石、铁矿石、麦饭石及其组合作为人工湿地的填料，小试研究的结果表明：在相同进水水质和水力负荷运行条件下，单一填料页岩 COD、TN、TP 的去除效果最好，组合填料 COD 去除率差别不大，页岩与粗砾石组合 TN、TP 去除率较高。朱夕珍等选取石英砂、煤灰渣和高炉渣进行不同基质垂直流人工湿地对城市污水的净化效果研究，得出结论：对化粪池出水 COD 和 BOD 的去除率为：煤灰渣＞高炉渣＞石英砂，对 TN、TP 的去除效果顺序为：高炉渣＞煤灰渣＞石英砂；煤灰渣是去除污水中耗氧有机污染物和总磷等指标的理想基质；高炉渣是去除污水中总磷和总氮的理想基质；石英砂导水能力最好，水力负荷最高，并且不容易造成堵塞。张翔凌等选取砾石、沸石、无烟煤、页岩、蛭石、陶瓷滤料、高炉钢渣、生物陶粒等 8 种不同基质，在高水力负荷条件下进行垂直流人工湿地净化实验，结果表明无烟煤、生物陶粒、砾石具有较好去除有机物的能力，沸石和陶瓷滤料对总氮和氨氮的去除效果较好，高炉钢渣和无烟煤具有较好去除磷的能力。李怀正等对几种经济型人工湿地基质的除污效能进行研究分析后得出钢渣和煤灰渣对出水 pH 值的影响较大，基质粒径越小则对 SS 的去除效果越好；对有机物去除效果的高低顺序为：砂子＞煤灰渣＞瓜子片＞砾石＞钢渣＞高炉渣，对氨氮去除效果的高低顺序为：砂子＞煤灰渣＞瓜子片＞高炉渣＞砾石＞钢渣，6 种基质对 TP 都有较好的去除效果，其高低顺序为：钢渣＞煤灰渣＞砂子＞高炉渣＞瓜子片＞砾石。郭本华等以沸石、页岩陶粒和碎石 3 种不同材料作为潜流式人工湿地的基质进行除磷效果比较，结果表明：碎石对污水磷素的处理效果最好，超过 90%；页岩陶粒次之；沸石最差。

4.5.3   基质的去污能力与影响因素研究

4.5.3.1   基质对氮的去除

在人工湿地系统中，对氮的去除起主要作用的是微生物的硝化和反硝化作用，基质的选择起着不可忽视的作用。选择比表面积较大的填料有利于生物膜的生长，更利于氮的去除。

通常认为基质对氨氮的吸附是快速可逆的，但合理地选择搭配基质可以促进氮的去除效果。张曦等利用沸石氨氮能力强的特点对暴雨径流、农田排灌水的人工湿地处理系统进行研究，结果表明沸石除能快速吸附氮，而且条件适宜时可通过生物作用和自然充氧等作用促进沸石吸附能力的再生。李旭东等研究发现，沸石芦苇床在水力负荷 0.6m/d 的情况下，系统对各种形态的氮都有较好的去除能力，沸石对氨氮的吸附、离子交换作用是除氮的主要途径；在同样的进水水质和水力负荷下，沸石床在除氮方面明显优于砾石床。权新军等利用改性天然沸石处理富营养化水体的试验结果表明，天然沸石对氨氮的去除最大可达82%。刘超翔等发现，潜流式人工湿地底部铺设炉渣层填料时，其硝化能力明显高于土壤层，炉渣层在氨氮转化中起主要作用。

湿地基质的所有理化性状都可能影响到它对污水的除氮效果，其中最重要的影响因子之一是氧化还原电位，它反映湿地基质发生氧化还原反应的能力大小，还会通过影响植物或微生物生长代谢过程来间接影响到湿地的除氮效率。湿地基质的含水率对系统的除氮效率也具有一定的影响，湿地运行时基质通常处于饱水状态，有利于反硝化作用的进行。孔隙率大的基质使得废水比较容易地渗透到其中，从而除氮的各种机理可以在基质内部发生从而提高系统对氮的去除效率。此外，基质的类型、渗透率、胶体、pH值、黏性及各种络合、螯合剂的存在，都会影响到人工湿地的除氮效率。湿地中的砂石基质具有类似活性炭的吸附作用，也会对湿地的除氮效率产生一定的影响。

4.5.3.2 基质对磷的去除

基质对磷的去除作用包括填料的吸收和过滤等物理化学作用。当污水流经人工湿地时，填料通过一些物理和化学的途径（如吸收、吸附、过滤、离子交换、络和反应等）去除污水中的氮、磷等营养物质。人工湿地中基质对磷的去除包括物理去除和化学沉淀去除两大过程，物理去除是指吸附在悬浮颗粒物上的固体磷经湿地表层基质的过滤拦截而沉积的过程，化学去除主要发生在基质中，并被认为是湿地除磷的主要方法。化学作用对无机磷的去除与湿地基质类型密切相关。基质的pH值、氧化还原电位、可溶性铁、铝和锰及其氧化物、有效性钙和钙的化合物及有机质是影响湿地除磷的重要因素，其中又主要取决于基质的pH值。在pH值中等的情况下，土壤中引起磷吸附和沉淀的主要元素是铁和铝，pH值较高时引起磷吸附沉淀的主要元素是钙。在处理特征污染物为磷的污水时，应着重选择钙、铁等矿质元素含量高且吸附表面积较大的填料。湿地基质除磷除了受其本身化学特性和pH值的影响外，还受到废水磷负荷、温度、溶解氧、竞争性离子、水力条件、运行方式等的影响。研究表明，在达到吸附或沉淀平衡之前，高浓度的含磷废水能导致磷的去除，而低浓度的进水则导致基质中磷的释放。基质对废水中磷的吸附去除作用到一定程度会达到饱和，可以依据基质中磷的平衡浓度EPCO（equilibrium P concentration）来判断系统是否该休整及基质是否该更换。在选用基质时，应该选择低水力抗性，具有较低的EPCO，较高S_{MAX}（最大吸附值）和P_r（磷保持能力）的基质，同时也可以根据基质的S_{MAX}来估算基质的使用期限。

选择合适的基质可以在很大程度上去除磷。成水平等经研究表明，花岗石和黏性土壤为主要介质的人工湿地对污水中磷的去除率达 90% 以上。肖晓存等用粉煤灰与芦苇构建的垂直流模拟人工湿地对化粪池出水的 TP 去除率为 79.1% ~ 89.7%。崔理华等用煤灰渣人工土壤和风车草组成的垂直流人工湿地系统对化粪池出水中总磷和无机磷的去除率分别达到 75% ~ 92% 和 73% ~ 92%，同时研究得出，垂直流煤灰渣人工湿地系统对磷的去除作用主要有物理作用、化学吸附与沉淀作用、微生物同化作用以及植物摄取作用等，它们对化粪池出水中总磷的去除率分别为 22.8%、50% ~ 65% 和 1% ~ 3%。

4.5.4 基质的选择与配置

4.5.4.1 基质种类的选择

文献报道的基质类型可分为三大类：天然材料、工业副产品、人造产品。天然材料主要有白云石、石灰石、硅酸钙岩矿、沸石、页岩、铝土矿、沙子和砾石、灰土、土壤、蛋白土、贝壳砂；工业副产品主要有高炉矿渣、电弧炉钢渣、炉渣、矿渣、粉煤灰；人造产品主要是轻质膨胀陛集料黏土（LECA），有的也称作轻质聚合体（LWA）。由于不同基质对污水中不同污染物的去除能力不同，应针对不同的污染物类型选用不同的基质。例如对于大肠杆菌、BOD 和颗粒悬浮含量高的污水，可选用泥炭作为基质；对于重金属含量高的废水或染料废水，最好选用膨润土作为基质；而对于 P 含量比较高的富营养化水体，可选用炉渣、页岩为基质；粉煤灰能有效地去除废水中的多种污染物（如重金属、BOD、脱色等），可用于净化城市污水、印染废水、重金属废水、含油废水、酸性废水以及含氟废水等。基质的选择应遵循材料的易得、高效、价廉及安全无毒等原则。设计人工湿地时，选择基质应首先筛选对污染物去除能力强的当地材料，这样既能提高人工湿地对污水的净化能力，减少成本投入又能延长生态工程的使用寿命。另外，由于不同基质的渗透系数存在比较大的差异，应根据不同的人工湿地设计选用不同的基质，如对于表面流人工湿地，可选择土壤作为基质，而潜流和垂直流人工湿地对基质的渗透系数要求比较高，应选用砂子、炉渣或它们与土壤的混合物等作为人工湿地的基质为宜。

4.5.4.2 基质粒径的选择

湿地基质粒径的分布对湿地中的空隙体积和水流模式有决定性作用，分层铺设的基质每层应力求均匀，如果大小颗粒混合掺杂会减小填料的孔隙率，影响水流分布，改变水力学状态，影响基质的渗透性能，进而影响去除效果。粒径较大的基质可以有效防止堵塞的发生，但粒径过大会缩短水力停留时间，影响净化效果，所以需要在保证净化效果和防止堵塞二者之间选择一个最佳平衡点，多层填料的垂直流人工湿地还应考虑不同粒径填料的配比问题。

王薇等设计人工湿地进水配水区和出水集水区的填料一般采用粒径为 60~100mm 的砾石，分布于整个床宽内；处理区填料表层可优先选用钙含量为 2~2.5kg/100kg 的混合土，以利于提高脱磷效果；表层之下以 5~10mm 粒径石灰石掺和适量土壤，厚度为 150~250mm，再往下全部采用 5~10mm 粒径的石灰石填料，或用不同级配砾石、花岗岩碎石铺设。杨立君等净化湖水的垂直流湿地填料采用砂石级配填料，分层情况：净化层厚 80cm（级配填料）；过渡层厚 20cm，0~0.5cm 碎石；布水层厚 20cm，2~4cm 碎石。深圳市宝安区的石岩河人工湿地填料从上到下依次是 10cm 粒径为 4~8mm 的碎石、70cm 粒径为 0~4mm 的细砂、20cm 粒径为 4~8mm 的碎石、20cm 粒径为 16~32mm 的碎石和 30cm 压实的黏土防渗层。

4.5.4.3　基质的组合配置

单一基质可能效果有限，考虑到基质的易得性和成本等，特别是各种基质之间存在着互补效应，将一些除磷效果好和除氮效果好的基质组合在一起，能大大提高人工湿地处理污水的能力；一些基质之间还存在着协同效应，两种或几种基质组合在一起，比单个应用时除氮磷的效果更好。徐丽花等通过研究沸石、石灰石两种填料的净化能力，发现沸石和石灰石混合使用不会降低沸石吸附氨氮的能力，并且由于沸石和石灰石发生了协同作用，对 TN、TP 的去除效果均好于其单独使用。王瑾用砂子、粉煤灰、活性炭、陶粒、石块（多孔大石及多孔小石）以及卵石作为基质，将其中的 5 种进行任意组合，结果显示：多孔大石、粉煤灰、大陶粒、多孔小石和大石块组合的除氨态氮的效果最理想。鲁铌等采用粗砂、粉煤灰、细煤渣、活性炭和空心砖粉块作为基质，并按适当的比例搭配处理低浓度生活污水时发现，粉煤灰和细煤渣搭配使用能去除 70% 的 COD；粉煤灰和空心砖粉块配合使用的综合效果比较好，能去除 89% 的 NH_4^+—N 和 81% 的 TP。另外，一些基质虽然对污水中的磷素的去除效果较好，但由于理化性质原因或污水 pH 值等因素不能单独使用，需要几种基质进行组合。袁东海等建议用沙子和钢渣组合来去除磷素，这样可以解决钢渣由于碱性强，不利于人工湿地植物生长的缺点。有关组合基质人工湿地的去污效果以及影响因素的研究，将是今后人工湿地研究的一个重要方向。

4.5.5　人工湿地基质目前问题与发展展望

4.5.5.1　存在问题

人工湿地技术在近几十年得到迅速发展，湿地的基质研究受到广泛关注，但在实际的应用过程中仍有不少技术瓶颈问题亟待解决：

（1）基质的选择、组配缺少科学完善的规范。基质的选择与配置影响着人工湿地的净化能力和使用寿命，在工程应用中尤其要重视。人工湿地中的基质材料，不能仅考虑其去污能力，更要考虑长期运行效果。过去数年的研究多集中在不同基质对污染物的去除效果上，而在实际工程中如何从众多材料中筛选出适宜的填料尚缺乏科学的理论依据和规范。

（2）基质的饱和时间限制了湿地的运行寿命。基质截留、吸附污水中污染物时也会达到饱和，一旦达到饱和就失去了去污的作用，可能还会向水中释放一定的污染物，大大缩短了湿地的运行周期。如何延长基质的饱和时间，提高基质的吸附容量，或者找到易原地再生的基质材料，使基质能够在较高污染负荷下持续有效的去除污染物，是目前人工湿地技术推广应用的难点。

（3）基质的堵塞问题在大规模的湿地工程中尚未找到很好的对策。基质堵塞造成人工湿地水力状态改变，会影响湿地运行效果，限制了人工湿地技术的推广应用。

4.5.5.2 发展展望

作者认为今后的湿地基质研究应在以下几方面深入展开：

（1）新型材料开发利用已有基质材料的低孔隙度和易饱和的特点影响了人工湿地寿命，限制了湿地的推广应用，因此，新型高效价廉的基质材料研发是今后基质研究的重点。合理利用易得的天然材料，充分开发工业副产品，或是人工合成新型材料，研制出吸附容量大、截留效果好、性能长效持久的新型湿地基质材料，应用到人工湿地工程中，可提高人工湿地的去污净化能力。

（2）多种基质的组合配置，多种基质材料合理搭配，通过互补效应可以整体提高人工湿地基质层的去污能力。在不同深度布置不同类型的基质，以有利于不同基质发挥不同的处理效力，利用组合基质达到全面净化污水中各种污染物的效果；对于某些去污能力强但由于理化性质等因素不适合单独使用的基质材料，应选择合适的材料与其组合，消除不利因素，达到除去污染物的目的。

（3）开展基质与其他组成单元的协同作用研究目前对湿地基质与湿地其他组成要素特别是植物的协同作用研究较少。研究基质植物搭配的综合效应，筛选出去污效果好的组合；如何使氮、磷被有效截留后转化为易被植物吸收的形态，既可提高净化效果，又可减少截留物的堵塞；研究基质中的微生物环境特性和根际微生物的活性变化，筛选基质－植物的合理搭配以提高微生物的降解能力。

（4）基质防堵措施选择多孔不易板结的基质，或者选用易再生的材料，采用合适的操作工艺，间歇进水或轮休，酸化水解或药物溶菌等等一系列措施可在一定程度上防止或减缓淤堵的发生；更换基质的办法可以有效恢复人工湿地的功能，但在实际中工程量大，可操作性不强。对于人工湿地的堵塞问题，一方面应从淤堵机制着手，控制形成淤堵的条件；另一方面需研究淤堵形成后的有效解决对策。

4.6 人工湿地的植物研究

4.6.1 人工湿地植物的选择

湿地中存在众多种类的水生植物，通常称之为湿地植物，按照其形态和生活习性可分为：挺水植物（emergent plant）；漂浮植物（free – drifting plant）；浮叶植物（floating leaved plant）；沉水植物（submergent plant）。国外最常用的植物种类是芦苇（phragmites conmunis）、香蒲（typha orientalis presl）和灯芯草（juncus effusus），此外风眼莲（eichomia crassipes）、黑三棱（sparganium stoloniferum）、水葱（scirpus validu）等植物也比较常用。国内湿地植物种类的应用主要借鉴了国外的经验，最常用的植物种类与国外基本一致，同时国内采用的植物还有香根草（vetiveria zizanioaes）、菱白（zizania latifolia）、苔草（carextristachya）、大米草（spartina anglica hubb.）、小叶浮萍（lemnaminor linn）、菹草（potamogeton crispus）、池杉（taxodium ascendens. brongn）、美人蕉（cann generalis）、水仙（narcissustazetta lv，var. ehinensis Roerm）、慈姑（sagittaria trifolia）等（见图4－5～图4－8）。目前，国内外选用的人工湿地植物均以水生植物类型为主，尤其是挺水植物。

图4－5　芦苇 　　　　　　　　图4－6　旱伞草

一般在选择人工湿地植物时要遵循以下原则：
（1）耐污净化能力强；
（2）抗逆性强（抗冻、抗热、抗病虫害能力强）；
（3）根系发达，适应性强；

图 4 - 7　龟背竹

图 4 - 8　美人蕉

（4）经济和观赏综合利用价值高；

（5）利于物种间的合理搭配；

（6）易于管理。

4.6.2　人工湿地植物的除污机理和作用

湿地植物作为人工湿地系统的主要组分之一，其净化机理主要表现在如下 3 个方面：

（1）直接吸收利用污水中的营养物质，富集污水中的重金属等有毒、有害物质；

（2）输送氧气到根区，提供根区微生物生长、繁殖和降解反应对氧的需求；

（3）增强和维持介质的水力传输能力。

4.6.2.1　吸收、吸附和富集作用

湿地植物在生长发育的过程中，所必需的 N、P 等营养元素都是从水中直接吸收的，经过一系列同化和异化作用而被转化成植物体内的组分，最后通过植物的收割而从人工湿地系统中去除。成水平等研究了种有香蒲和灯芯草的人工湿地对城镇污水和人工污染物的净化效果，发现种有香蒲和灯心草的基质中的 N、P 含量比无植物的对照组中的含量低 18% ~ 28% 和 20% ~ 31%，可见植物吸收了水中部分的氮、磷物质。蒋跃平等研究了湿地植物对水中 N、P 去除的贡献，其发现植物的 N、P 积累量分别为 2.10 ~ 24.48g/m^2 和 0.23 ~ 1.95g/m^2，植物吸收对 N、P 去除的贡献率分别为 46.8% 和 51.0%，说明植物对 N、P 有明显的吸收作用。张雨葵等发现植物对 TN 和 NH$_4^+$—N 有较好的去除效果，其平均去除率分别为 12.7% 和 5.2%，并且去除能力还有很大的提升空间。

水生植物还能吸附、富集一些有毒、有害的物质（主要是通过质体流作用

和扩散作用向植物根部迁移而被吸收），如重金属铅（Pb）、镉（Cd）、汞（Hg）、砷（As）等，一般认为其吸收能力是：沉水植物＞漂浮植物＞挺水植物，不同植物以及同一植物的不同部位浓缩作用也不同，一般是：根＞茎＞叶，各器官的累积系数随污染水浓度的上升而下降。但研究表明植物积累重金属的量是有限的，主要通过基质积累和清基被去除。P. A. Mays 等认为植物能去除 Mn、Zn、Cu、Ni、B 和 Cr 等重金属，但积聚的量在人工湿地每年去除的总量中所占的比例很小。Wolf—gang G rosse 等发现重金属主要累积在风车草（cyperus alter—nifolius）的侧根部位，大约有三分之一的 Cu 和 Mn 被吸收，而 Zn、Ca、Al 和 Pb 分别为 5、6、13 和 14，并且表层土壤中重金属含量最高。

4.6.2.2 为微生物生长繁殖和降解反应供氧

人工湿地植物能将光合作用产生的氧气通过气道输送至根区，在植物根区的还原态介质中形成氧态的微环境，这种有氧和缺氧区域的共同作用为根区的好氧、缺氧和厌氧微生物提供了各自适宜的小环境，使不同的微生物各得其所，发挥相辅相成的作用。Angela 等证明植物根系可以通过释放氧气改变根系周围环境的氧化还原状态，从而改变根系周围的生物地球化学循环过程。氨氮去除率的差异主要受系统中硝化和溶解氧的限制，在氧气充足的条件下有利于硝化菌群的生长繁殖，进而促进氨氮的去除，而缺氧和厌氧条件下硝化细菌的生长受到限制。崔玉波等研究表明由于植物根系的输氧性，在根系附近可形成微氧环境，同时靠近表层，可能受到大气复氧的影响，从而刺激了好氧微生物的生长。植物根区周围存在的好氧条件，能够富集生长硝化细菌等微生物，发生硝化反应，把NH_3—N 转化为 NO_3—N。植物为微生物的生长、繁殖和降解反应输送氧气，并且能够为微生物提供栖息地，这些作用都有利于污染物的降解。

4.6.2.3 增强和维持水体的水力传输

植物根系是影响水力特征的主要因素，根系对介质的穿透作用、根系横向和纵向的扩张作用，在介质中形成许多微小的间隙，增强了介质的疏松度，使介质的水力传输作用得到增强。张雨葵研究表明潜流和垂直流湿地植物都对水流流态有明显影响，增大了水流传输路径，延长了水力停留时间，在一定程度上增强了净化效果。成水平等对香蒲、灯芯草人工湿地作了试验研究，发现经污水处理4个多月以后，未种植物的对照组土壤板结，发生淤积，而种有灯芯草和香蒲的人工湿地，尽管香蒲地上部分已经死亡，但由于根的存在，水力传输好，渗透性能好，污水能很快地渗入介质，处理效果十分明显。即使较板结的土壤，在种植植物 2~5 年后，经过植物根系的穿透作用，其水传输能力可与沙石、碎石相当。另外，植物的根系腐烂后，剩下许多的空隙和通道，其增强了土壤的通透性，也有利于土壤的水力传输。

此外，人工湿地系统中植物的作用还包括：维持系统的稳定；释放促进生物化学反应的酶和影响酶的分布；湿地植物的抑藻作用；湿地植物的景观效应；经济和生态价值等。

4.6.3　植物去污作用的影响因素

人工湿地中植物的去污作用会受到各种因素的影响，归纳为如下几个方面：

（1）进水浓度。笔者认为进口污水浓度的大小将直接关系到湿地植物的去污作用，浓度过大、过小都将对去污作用产生负面影响，浓度过大会使植物死亡，浓度小将不利于植物摄取养分的需求。

（2）水力负荷。水分的适量供给，即水力负荷的及时调整是保证湿地植物正常发挥作用的重要因素。

（3）水力停留时间（HRT）。HRT 的长短将直接影响植物的去污效果，詹德昊等研究表明水力停留时间延长，极易造成严重滞水，阻碍空气进入基质层，造成好氧微生物活性下降，影响污水处理效果。

（4）温度。气候主要影响植物的生长，在适宜的温度条件下，湿地植物生长良好，对污染物的去除效率会增高。

（5）湿地水体的 pH 值。主要影响植物的生长，长期偏离可以忍受的 pH 值时，植物的生长会受到抑制甚至枯萎死亡。而许多微生物在 $4.0 < pH < 9.5$ 的范围之外就无法生存，反硝化细菌一般适于的 pH 值为 $6.5 \sim 7.5$，硝化细菌则喜欢 $pH \geqslant 7.2$ 的环境。

（6）植物种类。不同湿地植物的净化能力有一定的差异，主要原因在于不同的植物根系发达水平不同。

其他如水位变化、季节等因素都能影响湿地植物的去污作用，但相关报道很少。

4.6.4　国内外人工湿地的植物研究进展

4.6.4.1　国外研究现状

国外对人工湿地的研究起步较早，可以追溯到 1903 年英国约克郡建造的世界上第一个用于处理污水的人工湿地——Earby。而对人工湿地植物专项的报道多见于 20 世纪 90 年代，Chris C. Tanner 对人工湿地中种植的 8 种植物的生长状况和养分摄取能力作了对比，有大水莞（schoenopleetus supinus），芦苇（phragmites australis），水甜茅（glyceria maxima），灯芯草（juneus effusus）等 8 种植物，研究发现种有不同植物的人工湿地试验单元对 TSS、COD、TP 和 TN 的去除率不同，平均去除率分别为 76% ～ 88%、77% ～ 91%、79% ～ 93%、65% ～ 92%。另外对比了生产能力、养分摄取、根 533A 通气潜能和生活特性等。D. T. Hill 等研究了氨对人工湿地中 5 种植物慈姑（arrowhead）、芦苇（common—reed）、藤草（scirpusacutus）、香蒲（Typha orientalis presl）、普通灯芯草（common rush）生物量产量的影响，结果表明只有蔗草（scirpus acutus）受影响，其他植物不受氨浓度的影响，并且不同植物的生物量产量有显著性差异。D. T. Hill 等还研究了植物覆盖率对人工湿地水温的影响，发现无植被试验单元里的水温显然要高于有植被的，气温的变化量也要比有植被的大。进入 21 世纪，有关人工湿地植物的专项报道越来越多。U. Stottmeister 等研究了人工湿地在处理废水时植物和微生物的作用，对根部氧气的摄入、养分摄取和直接降解污染物时植物和微生物所扮演的角色作了深入的研究。Ann - Karina 等通过研究发现人工湿地中输出的氮有很大一部分与来自已衰老的植物群落里的有机和无机氮有关联。Pantip Klomjek 等研究了在含盐环境下生长的 8 种人工湿地植物，有香蒲（Typha orientalis presl）、管茅（sedge）、水草（water grass）、亚洲杂草（asia crabgrass）、盐碱地网茅（saltmeadow cordgrass）、格勒力草（kaller grass）、香根草（vetivergrass）、亚马逊草（amazon），发现香蒲长势不好，但它是去除营养物质的最佳植物，而亚洲杂草对 BOD$_5$ 的去除率最好。Cristina 等研究了人工湿地 5 种植物在不同水力负荷条件下对皮革厂废水的净化作用，入口处有机负荷的变化范围在 332～1602kg/（hm·d）时 COD 的去除率范围为 41% ～73%，有机负荷在 218 ～780kg/（hm^2·d）时 BOD$_5$ 的去除率为 41% ～58%，对营养物的去除效果不好，试验结果表明只有芦苇（phragmites australis）和宽叶香蒲（typha latifolia）是处理皮革厂废水的最适宜植物。Antonio 等对西亚两个不同人工湿地里的不同植物的长势和生物量做了研究，发现横向潜流型人工湿地（H—SSF）和垂直潜流型人工湿地（V—SSF）中同种植物的长势和生物量也不相同，但是从去除污水的总体效益来看，人工湿地具有替代传统污水处理技术的潜力。总之，国外对人工湿地植物的研究主要集中在去除机理、去污效果、影响因素和植物类型等几个方面。

4.6.4.2 国内研究现状

我国自"七五"时就开始了对人工湿地的研究，但对人工湿地植物的专项报道多见于 20 世纪 90 年代后期，主要是去污机理、去污效果、影响因素、植物筛选等几个方面的内容。徐大勇、张媛洪、剑明等进一步研究了人工湿地植物的去污机理，突出了微生物在其中的作用。黄娟、王玉彬、祝宇慧等研究了植物对不同类型污水的去污效果，其中黄娟在试验中发现芦苇、美人蕉脱氮效果最佳。近期对人工湿地植物的筛选研究很多，其有代表的人为：祝宇慧、杨苛、马安娜、王磊、王庆海等，这时期人工湿地植物不再简单地通过外观和经验来判断选取，而是通过实验来确定，将人工湿地植物的筛选方法上升到一个科学的高度，不仅说服力增强，而且使得筛选出来的植物更能适应实际的需要。而王磊、王庆海等开创性地开展了北方地区人工湿地植物筛选的研究，北方地区气候特殊，决定了植物要有很强的抗寒性能，该研究对人工湿地在北方地区的推广应用有非常重要的现实意义。国内对人工湿地植物影响因素的研究较少，徐光来等总结了水力负荷、温度和植物种类 3 个影响因素，还有待进一步完善。另外，王雷等对人工湿地植物的群落结构做了初步研究，王磊等对人工湿地植物的合理配置技术做了初步研究。宋英伟等通过对人工湿地中基质与植物对污染物去除效率影响的研究，验证了植物在人工湿地去除污染物中的重要作用，并且发现茭白单一植物与鸢尾 (iris pseudaeorus) + 菖蒲 (acorus calamus) 联合植物对污染物去除率的差异不大。时应征等通过研究表明，石龙芮 (Ra—nunculus sceleratus linn.) 和酸模 (rumex acetosa linn.) 两种非夏季植物作为人工湿地植物具有可行性，拓宽了湿地植物的范围，并且发现植物联合使用对污水有更高的去除率。

4.7　典型人工湿地的技术应用

4.7.1　设计规模

建设项目应根据当地污水的实际产生量以及雨水量，并适当考虑未来 5 至 10 年当地污水的增长因子，确定相应的人工湿地处理规模。确定的处理规模不可过大，否则会造成工程浪费，一定程度上由于实际污水量远小于设计处理量而导致布水不均匀，其还会影响湿地的处理效果；另一方面确定的处理过小不能满足当地社会经济的发展，污水在人工湿地中未能得到足够的停留时间而导致人工湿地对污水的处理失效。因此，必须根据各方面的情况确定一个符合实际并满足未来一定时间内污水增长量的处理规模。

4.7.2　进出水水质标准

假设人工湿地以污水处理厂的再生水为原水，进水水质指标同污水处理厂的处理水质指标。出水水质参照《地表水环境质量标准》（GB 3838—2002）中的 IV 类水质标准。确定人工湿地进水及出水主要污染物指标见表 4 - 2。

表 4 - 2　人工湿地的进出水水质标准　　　　　　　　　　（mg/L）

项　目	COD	BOD_5	TN	$NH_3 - N$	TP
进水	≤50	≤10	≤10	≤5 (8)	≤0.5
出水	≤30	≤60	≤1.5	≤1.5	≤0.3

4.7.3 人工湿地面积的确定

利用人工湿地对再生水中残余的 COD、BOD_5、TN、$NH_3 - N$ 和 TP 进行去除，以达到出水水质标准。因此，根据污染物的面积负荷及水力负荷，可确定人工湿地面积。

4.7.3.1 污染物面积负荷

根据人工湿地的污染物面积负荷确定湿地面积的计算公式为：

$$A_B = \frac{Q(C_B - C_S)}{N}$$

式中 A_B——人工湿地去除补充水中污染物所需要的面积，m^2；

Q——人工湿地处理规模，m^3/d；

C_B——补充水中污染物的浓度，g/m^3；

C_S——湿地出水浓度，g/m^3；

N——污染物面积负荷，$g/(m^2 \cdot d)$。

根据研究结果和国内外人工湿地工程的经验，污水处理厂 COD、BOD_5、TN、$NH_3 - N$ 和 TP 共 5 项再生水水质指标确定的污染物面积负荷 N 分别为 $5.0 \sim 18g/(m^2 \cdot d)$、$1.5 \sim 5g/(m^2 \cdot d)$、$2.5 \sim 8g/(m^2 \cdot d)$、$2 \sim 5g/(m^2 \cdot d)$ 和 $0.3 \sim 0.5g/(m^2 \cdot d)$。

根据当地城市污水水质情况及工艺设计的出水水质情况，确定不同污染物的面积负荷，针对 COD 进一步去除所需的人工湿地面积：$A_B = 84375m^2$；针对 BOD_5 进一步去除所需的人工湿地面积：$A_B = 77143m^2$；针对 TN 进一步去除所需的人工湿地面积：$A_B = 88269m^2$；针对 $NH_3 - N$ 进一步去除所需的人工湿地面积：$A_B = 78750m^2$；针对 TP 进一步去除所需的人工湿地面积：$A_B = 33750m^2$。能满足各项污染物指标的面积应该取计算结果的最大值，比较以上计算结果，按污染物面积负荷确定的湿地面积约为 $88000m^2$。

4.7.3.2 水力负荷

参考国内外建设人工湿地的经验，湿地的进水水力负荷取值范围为 $0.6 \sim 1.2m^3/(m^2 \cdot d)$，在本设计中值选取 $0.8m^3/(m^2 \cdot d)$，据此计算湿地最大需要的面积为：

$$A_B = Q/M = 67500/0.8 = 84375m^2$$

因此，设计确定人工湿地的有效面积是按污染物（TN）面积负荷确定为 $88000m^2$，加上湿地结构分隔及布水区所占面积约 $7000m^2$，本项目设计人工湿地的总面积为95000m²。

4.7.4 人工湿地的设计

4.7.4.1 人工湿地堤坝设计

人工湿地堤坝断面如图4-9所示,在每个堤坝的上游设集水槽、下游设配水槽,顶部设过水廊道。结合景观设计在堤坝的下游设跌水瀑布。堤坝长度:一阶湿地进水侧堤坝490m;一阶湿地出水侧(二阶湿地进水侧)堤坝580m;二阶湿地出水侧(三阶湿地进水侧)堤坝670m;三阶湿地出水侧(四阶湿地进水侧)堤坝730m;四阶湿地出水侧(五阶湿地进水侧)堤坝780m;五阶湿地出水侧(西湖进水侧)堤坝500m。断面尺寸:$B \times H = (2.0 \times 2.0) + [(2.0 + 3.0) \times 2.5 \div 2] = 10.25m$,结构为钢筋混凝土。

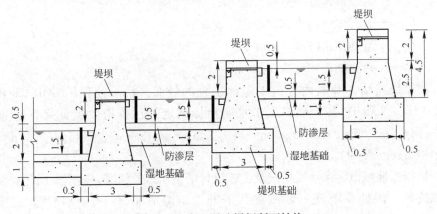

图4-9 人工湿地堤坝断面结构

4.7.4.2 人工湿地设计

根据当地天然地形起伏的特点,设计将人工湿地依地势阶梯式建设,不仅可大大减少工程量,而且还可增加人工河湖系统的美观。湿地系统分为5个阶段。

从高至低各阶的面积依次为8000m²、15000m²、17000m²、22000m²和26000m²,五阶堤坝的总长度约3750m,每相邻两阶堤坝的高差为自然地形落差,约2m左右。建设成的人工湿地形成一个立体多格局结构体系。平面设计如图4-10所示,湿地系统的断面设计如图4-11所示。人工湿地基质砂子主要成分是石英,厚度约1m,分布于砾石层之上,与植物根系直接接触。

4.7.4.3 人工湿地进水方式

以污水处理厂再生水的出水作为人工湿地的补充水源,先将再生水送入人工

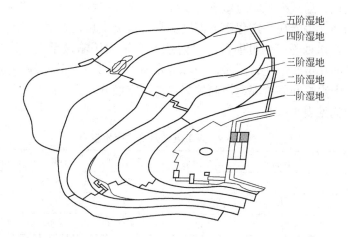

图 4 – 10 人工湿地平面图

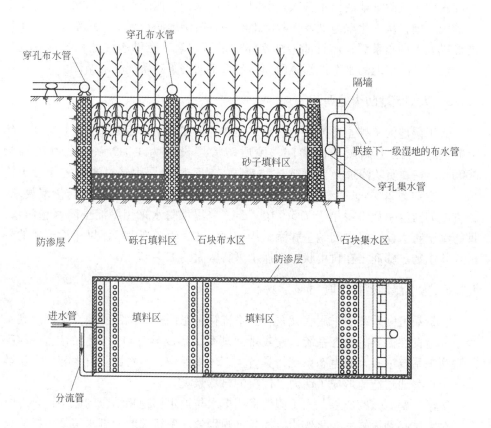

图 4 – 11 人工湿地处理系统断面结构

湿地进行处理，通过人工湿地做进一步处理、保障出水水质，水在湿地和水体之间的不断循环，也能在一定程度上抑制藻类的过度生长，处理出水回流至景观水体。原水（污水处理厂的再生水）自清水池水泵加压输送至人工湿地，首先进入湿地前端的高位配水池，同时，一部分水量补充二～五阶湿地内侧的集水槽，然后由高位配水池和每阶湿地内侧的集水槽按定额分配到二阶～五阶湿地的配水槽。水量分配见表4－3。

表4－3　人工湿地阶梯式配水量　　　　　　　　　（m³/d）

项　目	一阶湿地	二阶湿地	三阶湿地	四阶湿地	五阶湿地
进原水	6136.4	11505.7	13039.8	16875.0	19943.1
承接前阶出水	0	6136.4	17642.1	30681.9	47556.9
总进水	6136.4	17642.1	30681.9	47556.9	67500.0

一阶湿地的出水进入二阶湿地内侧的配水槽、二阶湿地的出水进入三阶湿地的配水槽、三阶湿地的出水进入四阶湿地的配水槽、四阶湿地的出水进入五阶湿地的配水槽，从一阶湿地到下一阶湿地利用各阶湿地间地形高差跌水实现，不仅能形成人工瀑布景观，而且能增加水体中的溶解氧，有助于湿地系统良好的运行。最后每阶湿地的水都汇集至西湖参与人工河湖景观系统的水循环。

4.7.5　人工湿地防渗处理

人工湿地的基础主要为原土基础，还有部分回填土，回填部分需要夯实，然后在此基础之上做硬质防渗层，硬质防渗层设计为1:9灰土，厚度约为300mm。在硬质防渗层上再做软质防水层，软质防水层由经过遴选的天然土构成，厚度约为200mm，该层土的防水参数应能直接满足整个工程的防渗漏要求。该方法的防渗系数不得小于 7.5×10^{-7} cm/s。堤坝防水采用膨润土防水毯防水，即膨润土防水毯，将含高纳基膨润土均匀地织在聚丙烯强力纤维网中而形成的一种毯状织物。膨润土在自由状态下遇水可膨胀大约15～17倍。

4.7.6　人工湿地植物选取

在景观河湖系统中采用多元复合技术进行生态调控。人工湿地在景观河湖系统中创造良性循环的生态系统，使景观河湖系统形成具有自然属性的生态系统。景观河湖系统中多元的生态系统，具备生态环境保护、生物群落再生和调洪防洪能力，在湿地建造地形成了活力、优美的自然景观。

根据长期研究的成果，人工湿地采用挺水与浮水植物相结合的原则，合理组合，对水质起到很好的净化作用，而且景观别致。项目选取的挺水植物包括美人蕉（canna indica）、鸢尾（iris tectorum）和旱伞草（cyperus alternifolius）；浮水植物包括绿萝（epiprem—num aureum）和龟背竹（monstera deliciosa），均适于在当地（以西安为例）地区生长，生命力旺盛，生长迅速，水中根系可长至1m，而且管理简单易行，实际水质改善效果见表4-4。

表4-4 植物水质改善效果 （%）

项 目	美人蕉	旱伞草	绿 萝	龟背竹	芦 苇
$NH_3 - N$	90	92	84	97	90
COD	48	42	30	45	50
TN	67	79	59	84	55
TP	66	95	60	93	59

5　河道原位旁路净化技术

根据污染河水处理系统与河道的相对空间关系，河流治理技术可分为三类，第一类是将河水引出河道水系，引入附近的污水处理厂进行处理的异地处理法，其中截污工程是异地处理法的关键；第二类是在河道内建设处理系统，沿程进行河水净化的原位处理法（又称直接净化方式），如河道内的曝气法、投菌法、生物膜法和化学法等；第三类是在河岸带上建设处理系统，将河水分流其中进行处理的旁路处理法（又称分离净化方式），如建于河岸上的人工湿地处理系统、氧化塘以及多种形式的生物床或生物反应器等，旁路处理法起着人工强化河岸带的作用，是目前受污染河流治理中值得关注的一条新思路。具体处理方法及空间位置的选择，需要综合污染河流的地形条件、水文特征、污染特点和使用功能等多种因素而确定。本章着重解释河道原位旁路净化技术如图5-1所示。

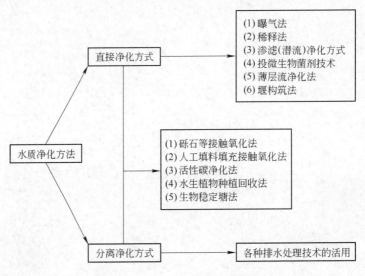

图5-1　原位旁路净化技术分解图

5.1　河流的异地处理法

对于以有机污染为主的河流，二级生物处理法是最经济有效的治理方法之一。对于污染严重或水量较大的河流，在河道附近设置拦截的管道工程，将高污染径流水或河水引入临近的污水处理厂进行集中处理，再将处理水回流至河道，或回用于生产与生活之中，这种异地处理法相当于从河流的上游进行阻截，另在它处大幅削减污染负荷，可有效地防止高浓度污染向下游扩散。

英国在 19 世纪治理泰晤士河时就沿河建设了 Beckton、Crossness、Riverside 和 Mogden 等污水处理厂，将要汇入泰晤士河的污水被拦截至辖区内的污水处理厂，经处理后再流入泰晤士河，这些污水处理厂在建成之后又几经改造，它们对泰晤士的河水变清做出了重要贡献。前西德于 20 世纪，在莱茵河沿岸修建了 100 多座污水处理厂，它们为莱茵河削减了 60% 以上的污染负荷，为改善莱茵河水质起到了重要作用。我国一些城市污水处理厂也从地形以及取、排水方便的角度考虑，将城市污水处理厂建在河流附近，如昆明市第二污水处理厂建于大清河畔，其水源部分为大清河河水，对净化河流起到一定作用。河流异地处理法的处理效果完全取决于污水处理厂的工艺技术和运行状况，污水处理厂的技术发展不在本书赘述。

把污染河水或即将入河的径流水由河道水系中分离的工程，即截污工程，是全部治理工程中的重要组成部分，有时建设投资费用超过污水处理厂本身，并决定了污染削除的总量。因此，在河流截污设计和施工中，要充分考虑流域地质、地貌和市政排水管道分布等情况，争取在现有条件的基础上，合理规划和施工，以最小的投入获得最大的经济与环境效益。印度在 1984 年开展 Ganga 河治理行动（ganga action plan）时，重点之一就是将进入河系的高强度有机污染负荷通过截污工程进行削减。目前我国一些城市针对污染严重的城市河流，已在治理对策中明确提出实施河道截污工程，贵阳市对南明河、广州市对东濠涌、上海市对苏州河的截污工程均取得了显著效果，如将苏州河 6 支流截污工程进行优化调整，实际截除污水量由原计划的 $6.8 \times 10^4 m^3/d$ 提高到 $26 \times 10^4 m^3/d$，有效地保护了苏州河。

5.2 河流的原位处理法

污染河流的异地处理法虽然具有处理效率高、处理水可以回用等优点，但工程建设投资较高，对于污染较轻或水量较小的河流，直接在河道内进行治理的原位处理法更为经济。原位处理法包括河道曝气法、投菌法、生物膜法以及其他物理和化学处理法等。

5.2.1 河道曝气法

有机物污染严重的河流由于污染物分解耗氧，引起河流水质恶化，自净能力下降，水生生态系统遭到严重破坏，因此，对处于缺氧（或厌氧）状态的河流进行曝气，可以及时补充水体溶解氧，加快水生微生物对污染物的分解，帮助河流生态系统恢复到正常状态。从技术上看，河道曝气法综合了曝气氧化塘和氧化沟的原理，即采用推流式和利用曝气充氧的方式实现液气的完全混合，有利于克服河水的短流，提高缓冲能力，也有利于氧的传递和污泥的絮凝。

从 20 世纪 60 年代起有不少国家将河道曝气法应用于污染河流的治理。根据河道条件（水深、流速、河道断面形状等）、水质状况、地质条件、河段功能和污染源分布等特征，河道曝气复氧的措施一般有固定式充氧站和移动式充氧平台两种形式。

固定式曝气有鼓风曝气和机械曝气两种形式。河流鼓风曝气的结构、设备类似于一般污水处理厂的鼓风曝气系统，适用于水深较大，需要长期曝气，且有航运功能或景观功能要求的河段。2001 年福州白马支河在完成底泥疏浚工程后，在河底设穿孔曝气管，由鼓风机供气，可为河流中投放、培育和养殖的各生物物种提供氧气，系统运行一个月后，该河流就消除了黑臭，运行一年的监测数据表明水质可达到景观用水的水质标准。河流机械曝气是直接将曝气机固定安装在需要曝气的河段上，适用于水深较小，没有航运或景观要求的河流。美国为了改善 Chesapeake 海湾的 Hamewood 运河的水质，1989 年在河口安装了曝气设备，使底层水温和溶解氧得以增加，并使河道内的生物量开始增加。1990 年北京清河曾在 3.5km 的严重污染河段安装曝气机进行人工复氧试验，去除河水 BOD_5 74.7% ~ 88.2%，COD_{Cr} 79.9% ~ 84.4%，NH_3-N 15.8% ~ 45.0%。2003 年在广州朝阳涌采用了功率相同的三种不同曝气方式对黑臭河段进行复氧，发现水车式增氧机在复氧效果、污染去除、河道微生态恢复等方面均优于叶轮式曝气机和射流式曝气机。

移动式曝气是采用可以快速移动的曝气船设备，这种曝气方式的优点是可以根据曝气河段的水质变化和航运要求，灵活调整曝气强度和曝气位置，使曝气过程更为经济；通常为了提高传质效率还可在船中安装纯氧制备系统和微气泡曝气装置，为河流提供溶氧高、气泡小的水流，使曝气过程更为高效。1977 年和 1985 年英国泰晤士河上分别运行了充氧能力为 10t/d 和 30t/d 的曝气富氧船，极大地改善了暴雨期间地面径流、污水处理厂排水和混合污水溢流等冲击负荷。1994 年德国柏林河上运行了一条充氧能力为 5t/d 的曝气富氧船，对保持河流水质和净化功能起到了重要作用。我国近年来在上海的苏州河和张家浜都采用了曝气富氧船进行黑臭河流的治理，取得显著效果，且无二次污染。

在工程实践中还发现，实施河道人工曝气时，向河流中适当投加一定量的生物菌剂，可以更好地分解水中污染物，使充入水体的氧充分发挥功效。

5.2.2　投菌法

河流中污染物的降解主要依靠微生物的降解作用，当河流污染严重而且缺乏有效的微生物作用时，直接向河道内投加微生物菌剂，可以促进有机污染物降解。投菌法常作为一种水质改善的应急措施，可在短时间内发挥净化功效，改善水质，适合于河流净化的微生物主要有硝化菌、有机污染物高效降解菌和光合细菌等。

光合细菌在天然河流中，不仅能在厌氧光照的条件下以低分子有机物及二氧化碳等作为光合作用的电子供体进行光能异养生长，而且还能在微好氧黑暗条件下，以上述有机物为呼吸基质，进行好氧异养生长，此外，光合细菌还能分解和利用亚硝胺及其衍生物，消耗污染水体中的"三致"污染物质。1997 年对昆明大观河及 1998 年对成都府南河进行的光合细菌净化河水的试验均表明该法对水中主要污染物去除率较高，水体透明度增加，水生生物多样性得到了改善。除了直接投加菌剂，1999 年在上海上澳塘河道里，曾投加了一种水体净化促生液（Bio‑energizer），它含有降解污染物的多种酶，以及促进微生物生长的有机酸、微量元素和维生素等成分，试验结果表明 Bio‑energizer 可消除水体的黑臭，改善水质，而且加速了河道"土著"微生物的生长及生物由厌氧向好氧、由低等向高等的演替。目前投菌法还常与曝气法配合使用，如 2001 年在上海苏州河支流绥宁河的治理中，在水车式增氧机的曝气辅助下，向河道中投加的高效菌种（包括光合细菌和玉垒菌）和 B. E. 促生液（即 Bio‑energizer）使黑臭现象迅速被消除，并与放养凤眼莲协同作用，促进河道生态系统逐渐恢复。

投菌法需要向河道投加足够剂量的菌剂，如此大量的高效微生物的选育需要较长的时间，但其净化效果持续时间较短，这其中的原因一方面是所投菌难以在复杂河流系统中占有竞争优势，另一方面是河水流动性会造成菌剂流失。为保持微生物净化效果，通常需要经常性地投加菌剂，直至河流恢复其生态自净功能，处理成本较高。但是可以预期的是，随着现代生物技术的进步，将会有越来越多的更为高效经济的生物菌剂被开发并应用于河流污染治理中。

5.2.3　生物膜法

河水净化的生物膜法是指在污染河道中放置或填充能附着大量微生物生长的填料，在其表面形成生物膜，通过生物膜中的微生物对污染物降解，从而达到净化河水的效果。常用于净化河流的生物膜法有砾间接触氧化法、沟渠内接触氧化法、薄层流法和伏流净化法等。

砾间接触氧化法通过在河道内人工填充砾石，使河水与生物膜的接触面积提高数十倍以上，强化自然状态下河流中的沉淀、吸附和氧化分解。在 20 世纪 90 年代，日本和韩国有许多受污染的河流采用砾间接触氧化法净化河道水质，最有代表性的是日本野川和韩国的良才川。

受砾间接触氧化法的启发，沟渠内接触氧化法是在单一排水功能的河道内填充各种材质、形状和大小的接触材料，如卵石、木炭、沸石、废砖块、废陶、石灰石以及波板、纤维或塑料材质的填料等，提高生物膜面积，强化河流的自净作用，填料的选择要依据河流水质与工程选址的情况来确定。

薄层流法是使河面加宽，水流形成水深数厘米的薄层流过生物膜，可使河流的自净作用增强数十倍；伏流净化法主要是利用河床向地下的渗透作用和伏流水的稀释作用来净化河流，污染河流通过河床上的生物膜缓慢地向地下扩散，成为清洁水，再被人工提升到地面稀释河流。

生物膜法主要应用在有机污染不太严重的小型河流，过高的有机负荷可能使填料很快被脱落的生物膜堵塞，另外溶解氧的耗尽会使填充床处于缺氧或厌氧状态。虽然增大填料粒径可以减缓堵塞，但会使填充床单位体积的净化效率下降；虽然人工曝气可以强化生物降解效率，但会增加处理成本和净化床的复杂程度。

5.2.4　引水冲污或换水稀释

引水冲污和换水稀释是一种湖泊净化技术，在湖泊富营养化治理中有应用实例，对于污染严重且流动缓慢的河流也可考虑采用。引水冲污或换水稀释对河流可能有5方面的影响：

（1）将大量污染物在较短时间内输送到下游，减少了原来河段的污染物总量，降低污染物度；

（2）使河流从缺氧状态变为好氧状态，提高河流自净能力；

（3）使河流死水区、非主流区的重污染河水得到置换；

（4）加大水流流速，可能冲起一部分沉积物，使已经沉淀的污染物重新进入水体；

（5）为流经城市的河流营造较好的景观效果。

河流引水冲污或稀释既可以用同一水系上游的水也可以引其他水系的水，或处理达标的景观生态水。引水冲污或换水稀释是物理方法，污染物只是转移而非降解，会对流域的下游造成污染，所以在实施引水冲污或换水稀释前应进行理论计算预测，以确保冲污效果和承纳污染的流域下游水体有足够大的环境容量。

5.2.5　底泥疏浚

长期严重污染的水体其底泥可能沉积有大量的污染物，在一定条件下这些污染物会从底泥中释放出来，因此底泥是天然水体的一个重要内污染源。疏浚河流底泥，可以将底泥中的污染物移出河流生态系统，尤其能显著降低内源磷负荷。由于不同河流遭受污染的类型、时间和程度不同，污染底泥的厚度、密度、污染物浓度的垂直分布差别很大，因此在挖除底泥前，应当合理确定挖泥量和挖泥深度。此外河流底泥中通常还生长有一些水生动植物，底泥疏浚对生态系统有一定影响。一般不宜将底泥全部挖除或挖得过深，否则可能破坏水生生态系统。河流底泥疏浚通常使用挖泥船，对于枯水期断流的河流可以利用枯水期清淤，如图5-2所示。

图 5-2 底泥疏浚前后对照图

a,c—疏挖前；b,d—疏挖后

5.2.6 渗流生物膜净化技术（生物过滤技术）

河流中水生植物、沙石和沉积物表面通常生长有一层对有机污染物有降解净化作用的生物膜，主要由藻类、细菌、原生动物等组成，称为周丛生物。为了强化周丛生物对河水中有机污染物的去除作用，可以用卵石等作填料，在河滩或者河岸构筑渗流生物膜净化床。渗流生物膜净化床因填料材料和粒径的不同，除了生物降解有机物外，还可能产生物理吸附、沉降、过滤等作用，去除悬浮物和氮、磷、重金属等。净化床填料通常是粒径 5~40cm 的卵石，可以分级装填，此外还可选择易被微生物附着的废砖块、废陶、陶粒或沸石等功能的填料。

渗流生物膜净化床适用于有机污染不太严重的小型河流，过高的有机负荷可能使填料被脱落的生物膜堵塞，净化床河水中溶解氧的耗尽会使净化床处于缺氧或厌氧状态。增大填料粒径会使净化床单位体积的净化效率下降，人工曝气又会增加处理成本和净化床的复杂程度。渗流生物膜净化床技术在日本江户川支流坂川和京都市、韩国的良才川和泰国的河水净化中都有研究和应用，取得了较好的效果。

生态砾石滤床剖面以及微观结构如图5－3所示。

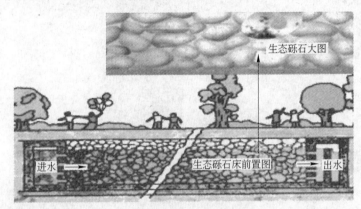

图5－3   生态砾石接触氧化滤床剖面以及微观结构图

生态砾石接触氧化滤床可以放置在地面下，其上还可以进行景观绿化等。即生态砾石滤床既具有净化功能又具有景观美化双重功能。

韩国在汉城良才川等河道上实施的旁路生物滤池处理工程，在河道减污、控制来自上游的面源污染方面取得了很好的成效。韩国良才川实施的旁路生物滤池处理工程是在河道上游适当的位置，设置橡皮坝，抬高坝前水位后，将受污染的河流水引流入旁路生物滤池进行处理，再重新汇流入坝后的河道，为水生植物的生长提供了良好的环境，可促进河道生态环境的恢复，如图5－4所示。

日本于20世纪80年代中期开始在东京、京都为首的大城市河流（如多摩川、浅川、大栗川等），大量采用类似技术，规模约在数百吨到数十万吨/天，至今已有近二十年的历史。可将受污染河流原水 BOD 从 10～40mg/L，降低10mg/L 以下；将河流原水 SS，从 10～80mg/L 处理到 10mg/L 以下；当河流原水的氨氮为 2～10mg/L 范围时，其净化去除率可达 75% 左右。采用该技术后取得了较稳定的水质和景观效果。

在日本生态碎石接触氧化滤池技术被广泛应用于受污染河道水的改善。如将受污染的桑纳川的河水引入一个生态砾石接触氧化滤池处理后，排入新川河；日本多摩川上实施的生态砾石滤床工程，将受污染的河水经过该系统净化处理后，作为公园景观水环境的补水。如图5－5和图5－6所示。

图5-4 韩国良才川上生物滤池净化工程

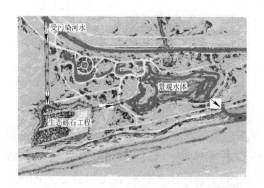

图5-5 日本桑纳川生态砾石接触氧化滤池

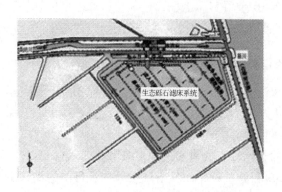

图5-6 日本多摩川生态砾石滤床工程

5.2.7　人工快滤处理（CRI）系统

人工快渗处理系统（Constructed Rapid Infiltration，简称 CRI），既能应用于生活污水处理，也能应用于受污染河流水水质的净化改善。该系统采用渗透性能良好的天然介质作为主要渗滤材料代替天然土层。采用人工填充的天然河砂（天然河砂选用一定的颗粒级配），并掺入一定量的特殊填料，以保证既有较高的水力负荷，又能满足出水的处理目标。CRI 系统净化机理包括过滤、生物膜作用以及吸附三个过程。有机污染物的去除主要由过滤截留、吸附和生物降解作用共同完成；SS 通过预处理和过滤作用去除；氨氮通过硝化（落干）和反硝化作用（淹水）脱氮；磷则与渗滤池内的特殊填料形成磷酸钙沉淀而去除。CRI 流程如图 5-7 所示。

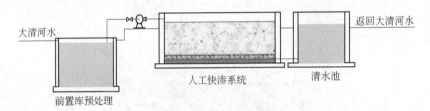

图 5-7　人工快滤处理（CRI）系统

CRI 处理系统对于生活污水和受污染河流水净化的效果较好，与传统的污水处理方法相比较，该技术具有成本低（包括建设和运行成本）、出水效果好、不产生生活性污泥，操作简单、抗冲击负荷强、运行稳定的特点。国内应用于受污染河流水净化的工程有深圳茅洲河河水处理工程、观澜高尔夫球会牛湖河治理工程、宝安区观澜库坑河污染治理工程等；西丽街道办牛城河水污染治理工程除处理受污染的河水等 10 余项实际工程，还承担区域范围的初期雨水的处理任务。

CRI 系统处理受污染的河水，其水力负荷工艺参数可达 $2m/(m^2 \cdot d)$ 以上。

5.2.8　快速多级土壤渗滤（MSL）系统

快速多级土壤渗滤（Multi-Soil Layer，简称 MSL）系统是由日本开发出来的一种新型高效人工土壤强化处理系统。系统构建由人工配置的混合填料块（其中包含木屑、铁碎屑等）层层堆积而成，填料块之间留有一定的空隙以填充具有强吸附性能的天然沸石或焦炭。在温带和热带地区可以十分有效地净化污水中有机污染物 COD 和氮、磷，而且不产生异味。日本的 MSL 系统（吸附材料为天然沸石）对 BOD_5 的去除率高达 87%～89%（原水 BOD_5 为 29～53mg/L），对总氮的去除率约为 50%，总磷的去除率高达 89%，而且不受低温影响。泰国的

MSL 系统（吸附材料为焦炭和沸石）对 BOD$_5$ 的去除率高达 75.2% ～ 87.8%，对总氮的去除率高达 100%，总磷也几乎得以完全去除。此外，该系统能长期连续运行而不需要再生或更换填料块，据资料显示该系统在日本运行至第十年时的净化效率仍然与起初运行时的净化效率相同。MSL 流程如图 5 - 8 所示。

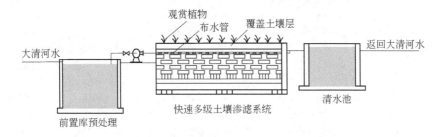

图 5 - 8　快速多级土壤渗滤（MSL）系统

MSL 系统可以分为两个区域，在中部设有曝气系统使天然沸石或焦炭空隙处于好氧状态，而混合泥土块中处于厌氧状态。好氧和厌氧条件的交替有利于有效地净化污水。好氧条件下能促进硝化反应、有机物的降解、亚铁离子氧化成易于与磷发生沉淀反应的三价铁，而在厌氧条件下发生反硝化反应得以降低总氮。MSL 系统实样如图 5 - 9 所示。

图 5 - 9　快速多级土壤渗滤（MSL）系统实样图

5.2.9　其他物理和化学处理法

除了上述 3 类原位处理法，河流治理的其他物理法还包括疏挖底泥、机械除藻、引水冲淤和调水等，化学法包括强化絮凝、化学杀藻（投加杀藻剂控制河道中藻类暴发）、化学除磷（投加铁盐促进磷的沉淀）和化学脱氮（投加石灰脱氮）等，具体分类如表 5 - 1 所示。

表 5 - 1　河道治理技术方法分类

技 术 分 类	技 术 名 称	适用的河流污染类型	主 要 机 理
物理法	人工增氧 底泥疏浚 引水冲污或换水稀释	严重有机污染 严重底泥污染 富营养化	促进有机污染物降解 移除河流内源污染物 直接改善河流水质
化学法	化学除藻 絮凝沉淀 重金属化学固定	富营养化 磷污染 重金属污染	直接杀死藻类 将溶解态磷转化为固态磷 抑制重金属从底泥溶出
生物或生态技术	微生物强化（投菌法） 植物净化 稳定塘技术 人工湿地技术 渗流生物膜净化技术	有机污染、富营养化 有机污染、富营养化 有机污染、富营养化 面源污染物输入 有机污染	促进有机污染物降解 提高河流生态系统稳定性 促进污染物稳定化 促进污染物迁移转化 恢复河流生态系统

　　强化絮凝技术是在一级处理工艺的基础上，通过投加化学絮凝剂，强化去除水中各种胶体物质及细小的悬浮物质，可以在短时间内以较少的投资和较低运行费用而大幅度消减污染负荷，使污染河道得到有效处理。我国曾对深圳龙岗、观澜和燕川等污水河进行了强化絮凝处理试验，在复合药剂投加量 70g/t 的条件下，取得了 COD 去除率 60% 以上，磷去除率 80% 以上的好效果。2003 年在上海苏州河，选择了三条污染特征不同的支流河水，以改性硅藻土为混凝剂进行污染河水的强化混凝实验，发现污染河水水质对混凝效果有显著影响，当河水 COD_{cr} < 80mg/L 时，处理出水可达到《地表水环境质量标准 GB 3838—2002》中 V 类水质指标；但当 COD_{cr} > 100mg/L 时，仅靠强化混凝工艺不能达到上海市中小河道水质 COD_{cr} < 50mg/L 的标准。借鉴曝气复氧船的特点，2003 年北京开发了集投药、絮凝反应、气浮、收渣于一体的"浮船式移动型絮凝 - 气浮水质净化船"，确定 PAC 和 PAM 为最佳絮凝剂，对北京西土城沟和什刹海的后海进行处理试验，处理后的水体 COD 由之前的超 V 类地表水，变为 III 类地表水标准。

　　物理和化学处理法一般不受气候条件影响，处理效果较明显和稳定，但产生的底泥、泥渣等须妥善处置，否则可能造成二次污染。

　　原位修复是一种可靠、卓有成效的河道水体净化修复技术，具有治理费用低和可最大程度降解污染的特点，适于污染严重、流量较小的河流水体。本章解释了河道曝气法、生物接触氧化、河流湿地处理和生态浮床等河道原位处理技术的原理、发展及应用情况，其中河道曝气和生物接触氧化起步早，技术较为成熟，对早期污染水体治理贡献很大，相对河流湿地处理和人工浮床起步晚，但成本低，耗资少，处理效率又高，具有很大的发展空间。这些工艺都是经济、有效以及符合可持续发展要求的生物生态技术，在国内外发展比较迅速，在进一步改进的前提下，其应用前景将十分广阔。

5.3 河流的旁路处理法

污染河流的原位处理法虽然不需要另建分流的管网系统，全部河水在河道内直接处理，但受河道容积的限制，以及水流速度、水力冲刷等不利因素的影响，一些原位处理法（如投菌法和生物膜法）往往效果不佳。在河岸带建立独立的污水处理系统，将部分河水从主河道内分流出来进行单独处理，净化后的水再返回河道，这种旁路处理法介于异地处理法和原位处理法之间，既可保证污染河水得到充分有效的处理，保障河道原有各功能的作用（如航运、泄洪等），又不必投入巨资兴建管网，是目前受污染河流治理中值得关注的一个新思路。

欧美等国家一直非常重视河岸带的生态缓冲作用，由于我国人口众多、耕地面积少以及历史上多次围滩造田，使得我国大多数江河溪流的两岸基本上没有了自然的河岸带区，径流水在汇入河网水系的过程中受到自然净化和缓冲作用较小，致使污染逐级汇入江河。治理污染河流的旁路处理法可起到"人工强化河岸带"的作用，是距离最近的异地处理法，也是在空间和时间上得到拓展的原位处理法。

经济适用的污水处理工艺均可被用于河流的旁路处理，如自然生态型的土地处理系统（特别是人工湿地处理系统）和氧化塘，以及人工强化型的生物接触氧化法、生物滤床等。在实际应用中，还可以将各种技术进行改型和改造，或将多种技术进行灵活组合，以达到高效低耗净化河水的目的。

5.3.1 土地处理系统

污水土地处理系统利用土壤–微生物–植物系统这一陆地生态系统的自我调控功能来净化污水，作用机理包括物理的沉降作用、植物根系的阻截作用、某些物质的化学沉降作用、土壤及植物表面的吸附与吸收作用和微生物的代谢作用等。当河流受到人类活动的污染但仍然被用于两岸农业灌溉时，应当就是早期受污染河水的土地处理的雏形。

土地处理系统有多种类型，但在污染河水处理中实现工程化应用的实例均不多见。泰国和日本的研究人员开发了一种有特色的多级土壤渗滤系统（MSL系统），该系统由砂质黏土、洋麻＋玉米穗、铁屑按质量比6∶1∶1混合的土壤模块进行组成，为预防渗滤系统的堵塞，各模块之间设有不同材质的透水层（沸石、沸石化珍珠岩、珍珠岩、砂砾和木炭等5种材料），沸石和木炭透水层的MSL系统运行效果较好，而且间歇性的曝气还可明显强化处理效果。

相对来说，土地处理系统中的人工湿地处理系统在净化河水的研究与应用使用较多，主要有自由水面人工湿地系统和潜流式人工湿地系统。在巴西东北部 Paraiba 州，某河流经过一片位于河床上的天然湿地系统，再进入河床旁一个水平潜流式人工湿地系统中处理，运行结果表明这样的两级湿地系统对受污染河水有很好的净化效果。在台湾污染最重的河流之一——二仁溪，在其河岸上开展了净化河水的二级湿地处理系统（自由水面人工湿地系统和潜流式人工湿地系统）的中试试验，发现处理效率与季节和河水水质有关，在每年 4～10 月期间处理效果最佳，COD 去除率为 13%～51%，氨氮去除率为 78%～100%，正磷酸盐去除率为 52%～85%。我国从"六五"期间开始进行人工湿地系统的研究，并兴建了大量人工湿地系统的工程，在受污染河水的治理方面，对江苏新沂河开展的竖流式和潜流式人工湿地系统中试研究，以及对山东孝妇河开展的潜流式人工湿地系统中试研究，都取得了较好的效果。

有时，为了适应河道两岸的土地利用现状，充分发挥有利的地形条件，人工湿地处理系统可建成人工地面廊道的形式。在荷兰 Meijie 河旁建有一个全长 3600m，宽约 9m 的处理廊道系统，廊道内长有各种水生植物，1990 年全年监测数据表明该系统对水体中 TN、TP 等水质指标有很好的去除效果。在江苏新沂河曾开展过水生植物廊道处理的试验研究，通过在廊道各段选种不同的水生植物，而取得了较好的净化效果。

人工湿地处理系统虽然具有低投资、低能耗、运行维护简单、净化效果好、景观和谐等优点，但是一般来说，它的占地面积较大，长期运行还存在填充土质或材料堵塞的问题，为此，需要在人工湿地系统的填料和水生植物的选配上，结合当地情况进行细致的比较研究。

5.3.2　氧化塘

氧化塘，又称生物塘或稳定塘，是一种利用天然池塘或经过一定人工修整的池塘，形成细菌、藻类、微型动物（原生动物与后生动物）、水生植物以及其他水生动物的稳定生态系统，对污水进行净化的构筑物。净化作用主要包括稀释、沉淀和絮凝作用，好氧及厌氧微生物的代谢作用，浮游生物的作用以及水生维管束植物的吸收作用等。

处理河道污水一般采用曝气塘（内置各种填料）和前置预沉塘、水生动植物塘相结合的形式配套使用。在广东古廖涌河道，利用周边废鱼塘改建了串联的 3 个氧化塘，分别为 2 个氧化曝气塘和 1 个生态系统塘，对上游水体进行处理和生物修复，不仅消除了水体黑臭现象，而且还增加了水体生物多样性。塘内水生植物还可构建为人工浮岛以强化植物的吸收作用，选择的水生植物宜尽量考虑使用当地土著植物，不要盲目引进，以免引起外来物种入侵的生态问题。

5.3.3 人工强化的生物反应器

受污染河水的水质一般介于污水与低污染水源之间，所以一些污水处理工艺和低污染水源水的处理工艺都可以在适当改造后用于河流的旁路处理中。

一些结合了活性污泥法与生物膜法优点的污水处理技术，如生物接触氧化法、曝气生物滤池、生物流化床等，在反应器内安置填料和曝气系统，通过填料表面生长的生物膜以及反应器内游离的菌胶团共同对污水进行净化处理。在受污染河流治理中，可在河岸带利用地形条件建立此类生物处理反应器，通过选择性能良好的填料，确定合理的气水比、水力停留时间等参数，系统可保持很高的处理效率，占地面积远小于土地处理法和氧化塘。在上海苏州河的支流——木渎港河段的现场处理试验中，将密度与水接近的悬浮填料直接投加到曝气池中作为微生物的活动载体，填料填充率为50%，曝气池内的曝气和水流的提升作用使其处于流化状态，充分接触1h后，污染严重河水的出水 BOD_5 可小于10mg/L，氨氮亦被较好地去除。在清华大学，类似的一种悬浮载体生物膜反应器被用于修复受污染的校河水中，载体粒径为2.5~3.0mm，装填率为50%~60%，通过曝气的气提作用保证载体充分悬浮，水力停留时间（HRT）为1h时，反应器对 COD_{cr} 的平均去除率为56.9%，对氨氮的平均去除率为76%。对于水质变化大、冲击性强的河流，稍早些时候日本研究人员曾使用装填了表面涂有沸石的无纺布的反应器开展河水净化实验，无纺布表面富集的硝化菌对氨氮的削减量可达到50mg/（L·d），沸石涂层对河流中高氨氮冲击有良好的缓冲作用，使反应器内生物硝化过程保持稳定。

低污染水源水处理中的生物滤池工艺也被借鉴到河流的旁路处理法中。近年来对于严重污染的中小河道和支流的水质净化，渗流式生物床成为一种优选的强化处理技术，其水平渗流的水流方式，方便系统沿着河岸和水流方向进行布置，能够充分利用河流两边的护岸和河道滩地，填料可以根据当地的特点，就地取材，并将多种天然及废置的材料（如各种矿石、陶瓷、砖等）组成复合填料。在对山东孝妇河的处理试验中，启动渗流式生物床、运行情况良好，对 COD_{Cr}、$NH_3 - N$ 及浊度的处理效果均较好。韩国对于这种固定床式生物膜反应器进行了改进，将水流方向由水平流改为垂直流，为反应器设计了污泥清除和反冲洗系统，并开展了对釜山天主教大学附近的一条小河的净化试验，反应器中的填料选用陶粒，处理效果较好，由于污泥被及时清除，同时系统定期进行反冲洗，很好地解决了填料易堵塞的问题，系统运行更加稳定。

6 工 程 示 范

6.1 滇池新运粮河河道净化技术示范工程

6.1.1 工程内容

6.1.1.1 工程区概况

项目区未新运粮河中下游河段（即中干沟、新运粮河段）及其汇水区，面积约 10km²。新运粮河属于水库下游河流，在城西片区主要承担防洪、排污的作用。新运粮河水质为劣 V 类水，是在滇池北岸流入草海污染最重、水量最大的河流，如表 6-1 所示。其入湖污水量占草海入湖污水量的 34.4%，COD 量占62.5%，TN 量占 50.4%，TP 量占 46.4%。其入湖污染负荷的削减对于草海水体生态环境质量的改善具有重要意义。

6.1.1.2 工程内容

在新运粮河中下游段建设了原位沿程减污工程，主要采用河道微曝气与生物膜强化组合技术，包括生物膜厌氧段-硝化反应段-反硝化反应段-稳定沉淀段。其工艺流程见图 6-1。

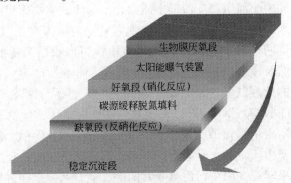

图 6-1 原位沿程减污示范工程工艺流程

（1）厌氧缺氧段在人民西路和兴苑路之间的 750m 河道内；在河底铺设不影响泄洪及生物膜快速恢复的生物填料，使得厌氧微生物在该段可有效的富集，通过微生物的作用首先降低河水中有机物的负荷。

（2）硝化反应段从新运粮河秋苑二期至石材城段，曝气区域一共有700m；在该段设置太阳能供能曝气系统一体化装置和鼓风曝气装置，区域内强化曝气会增强硝化反应，重点是削减河道内的氨氮。

（3）反硝化反应段接在硝化反应段之后150m河道。在河道内布设固相反硝化填料，并作为微生物的碳源和附着的载体。

（4）沉淀稳定段接在反硝化反应段后，在河水进入到下游生态河道之前形成一个缓冲区域。

（5）填料布置：直径ϕ30mm，长度为1.2m。生物填料顺着河道每间隔1.0m布置一排填料，每排填料布置密度：间隔18cm布置一束，一束两根填料。曝气系统采用太阳能与电能曝气两种。太阳能曝气采用自主研发的太阳能供能曝气系统一体化装置，该装置已经获得了专利授权（专利号：ZL201120375479.9）。

6.1.2　技术特色及效益

6.1.2.1　技术特色

该工程为河道原位强化净化技术，充分利用新运粮河河道自身的空间特征及根据污染物特性，通过曝气和布置生物填料，形成原位好氧－缺氧强化脱氮技术组合工艺，充分发挥微生物活性、填料吸附的协同作用，有效去除河水中的氮及有机污染物。该技术无需占用土地，对河水处理效果明显，不影响泄洪，为滇池及其他高原湖泊流域河道治理提供了一种有效的治理方法。

6.1.2.2　项目环境效益

该技术突破河道高效低耗曝气技术、不影响泄洪及生物膜快速恢复的生物填料筛选、河道原位强化脱氮除磷技术集成应用，处理来水规模达2万立方米/天，非雨季进出水断面透明度提高约40cm以上，COD、TN和TP去除率平均达30%、30%和20%以上。

工程不影响河道的行洪安全，能够实现河水的全年全天候运行处理，并具有较好的耐冲击负荷，在雨洪过后生物膜及处理效率能快速恢复。工程不占用土地，单位投资200元/m³，单位运行费用0.09元/m³，技术经济指标较优。另外，为降低运行成本，课题开发了太阳能供能的一体化河道曝气装置共12套（已获专利），安装于长200m河段中，已稳定、高效、低噪、无成本运行1年，效果极好。新运粮河流原位曝气工程的照片如图6-2所示。

图 6 – 2   新运粮河流原位曝气工程照片

6.2   滇池东大河前置库示范工程

6.2.1   项目概要

在滇池治理中率先开展前置库综合示范工程项目。由昆明市滇池生态研究所和昆明理工大学承担滇池东大河河口前置库净化示范项目的设计工作。项目总投资为 884.72 万元,位于滇池南岸昆阳镇兴旺村以北东大河新入湖河道河口的滇池水域内。东经 102°37′47.61″ ~ 102°38′06.29″,北纬 24°41′06.30″ ~ 24°41′14.46″。于 2007 年 7 月建设,12 月完成土建,2008 年 4 月,完成植物种植工程。在 2008 年雨季开始运行。随后开展了 3 年的跟踪监测研究工作。

6.2.2   工程内容

该工程内容包括(示范工程区的卫星图如图 6 – 3 所示):建设前置库面积 64380m²,正常运行水位下库容 89290m³,水流向为沿长向平流。入湖口两侧恢

图 6-3 示范工程区卫星图

复河口湿地 67 亩等。

前置库正常运行水位下库容 89290m³，水流向为沿长向平流。设计最大流量为 20m³/s，相应停留时间为 1.24h；洪水重现期为 1 年（暴雨量 35.2mm）时，流量为 8.39m³/s，停留时间为 2.96h。设计去除率：SS 为 50%，CODcr 为 15%，TN 为 10%，TP 为 30%。

河口湿地 67 亩，为表流湿地，布水从东大河入湖段两侧分流汇入。设计雨季最大处理径流量为 10000m³/d，雨季和旱季平均水力负荷为 3000m³/d。设计去除率：SS 为 50%，COD 为 40%，TN 为 20%，TP 为 30%。东大河入湖河口前置库净化示范项目工艺流程框图如图 6-4 所示。前置库的主要参数见表 6-1，工程总体设计参数见表 6-2。

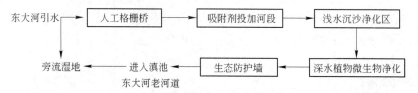

图 6-4 东大河入湖河口前置库净化示范项目工艺流程框图

表 6 - 1 前置库主要参数概况

设 计 参 数	设 计 值
长/m	520
平均宽度/m	150
最大宽度/m	180
水深/m	0.75 - 2
面积/m²	64380
容积/m³	89200

表 6 - 2 工程总体设计参数表

工程主要参量	设 计 参 数	备　注
前置库		
前置库总面积/m²	64380	
工作水位/m	1886.5 ~ 1887.4	
前置库容积/m³	89290	
水流方式	沿长向平流	
设计流量/m³ · s⁻¹	20	
最大设计流量滞留时间/h	1.24	流量 20m³/s
重现期一年洪水滞留时间/h	2.96	流量 8.39m³/s
设计去除能力		以工程区外为对照
SS/%	50	
COD$_{Cr}$/%	15	
BOD$_5$/%	15	
TP/%	30	
TN/%	15	
河口湿地		
总面积/m²	44689（67 亩）	
湿地类型	表流湿地	
总容积/m³	13400	按 0.3m 水深
水流方式	沿东大河两侧表面流	
设计处理水量/m³ · d⁻¹	10000	
最大设计流量滞留时间/d	1.34	
设计去除能力		以工程区外为对照
SS/%	50	

工程主要参量	设 计 参 数	备　注
COD_{Cr}/%	40	
TP/%	30	
TN/%	20	
稀土＋生物修复		
试验周期	半年	
药物投加量		
前置库上游 100m 河段		
稀土剂/kg	200	
BioAktiv/kg	930	
滇池生物示范处理区		
吸附剂/kg	60	
BioAktiv/kg	1165	

6.2.3　技术特色

在前置库库塘净化系统中，运用物理和生物技术进行地表径流汇流水的综合净化。该技术的特色是：

（1）本技术考虑了前置库内 Monod 方程和 Fick 扩散定律，建立了前置库生态型水质综合模型。采用模型计算的 TN、TP、COD 浓度值，与实测数据吻合，模型可以用来解释前置库内污染物的去除途径和机制。水质模型计算结果与流场动力学模拟可以相互解释。

（2）本技术建立了流场动力学方程，并对前置库暴雨流场变化跟踪模拟，模拟结果与现场监测结果吻合较好，流场变化与污染物去除效率有着密切的关系，出口处流速较小时污染物有较大的去除率，当流速突然增大时去除率会有所降低。

（3）本技术采用库塘和湿地技术集成，实现技术的长效应用和工程的长效运行。

前置库技术通过沉淀作用削减泥沙和颗粒态污染物，效果显著，在水处理领域中，使用较为广泛。污水处理厂、自来水厂等都运用沉沙池去除泥沙。而湿地净化污水也是处理低负荷污水的常见技术，在国内外使用比较广泛。湿地处理中往往会出现堵塞和淤积等问题。

将前置库技术和湿地技术结合，可保持湿地的结构稳定性，并实现湿地的长效运行。因此，二者结合，是对地表径流集成控制的行之有效的综合技术措施。

前置库建设和水生植物恢复前期投入资金较少。且二者的结合，还可以确保湿地的堵塞和淤积问题，保证湿地的长效低成本运行。因此，在经济性方面，具有先天优势。

6.2.4　项目环境效果

根据实际监测，表明东大河前置库示范工程总体效果优于设计目标，见图6-5。有关净化效果监测的数据，见第三方各年雨季水质监测报告。

图6-5　滇池东大河前置库示范工程效果照片

2008年雨季，前置库对污染物的去除率为：$COD_{Mn} > 17.3\%$；$SS > 74\%$；$TN > 6.8\%$；$TP > 18.02\%$；对透明度的改善，最多可提高77.4%。2008年是前置库建成后调试运行阶段，除了TN和TP两项指标去除率未达到预期净化目标外，其余指标均达到了水质净化目标（拟设计去除率：COD_{Mn} 15%；SS 50%；TN 15%；TP 30%）。

2009年雨季，前置库对污染物去除率为：$COD_{Mn} > 19.1\%$；$SS > 84.3\%$；$TN > 18.8\%$；$TP > 48.1\%$；对透明度的改善，最大可提高1.95倍。2009年是前置库建成后正式运行阶段，包括2008年调试运行期间未能达到预期目标的TN

和 TP 两项指标去除率均已超出预期净化目标的要求（拟设计去除率：COD_Mn 15%；SS 50%；TN 15%；TP 30%）。

2010 年雨季，河道汇流了流域内的地表径流，一部分分往护城河，剩余部分直接进入东大河河口湿地和前置库。前置库对泥沙的削减效果具有显著作用。前置库对污染物去除率为：SS > 94.4%；COD_{Mn} > 47.9%；TN > 93%；TP > 58.3%。对透明度的改善，最大可提高 23.5 倍。前置库对雨季面源污染负荷去除率均已远远超出预期净化目标的要求（拟设计去除率：COD_{Mn} 15%；SS 50%；TN 15%；TP 30%）。此外，沉水植物覆盖率从初期的 8% 提高到 80% 以上。

6.3 滇池大清河河口及湖湾"湖中湖"示范工程

6.3.1 工程内容

6.3.1.1 项目区基本情况

项目区位于昆明市福保湾北东部海河入滇池的河口处（具体位置见图 6 - 6）。经长期的监测数据反映海河水质属于劣 V 类，详细的水质情况见表 6 - 3。按《地表水环境质量标准》（GB 3838—2002）V 类水标准计算，海河河水的 TP、TN 最大超标倍数达 25 倍以上，平均超标 TP 为 9 ~ 11 倍，TN 为 13 ~ 14 倍。

图 6 - 6 工程建设区示意图

河口区底泥中有机质含量高达 8% ~ 14%，有机物污染十分严重，污泥厚度在 80cm 以上。底泥中 TP 含量为 2 ~ 5mg/g（干重），TN 含量为 4 ~ 5mg/g（干重），营养盐蓄积严重。

表 6 - 3　海河入湖污水水质状况　　　　　　　　　　（mg/L）

监测项目	旱　季		雨　季		V 类标准 (GB 3838—2002)
	浓度范围	平　均	浓度范围	平　均	
DO	0.31 ~ 1.10	0.73	0.39 ~ 7.43	1.65	2
BOD_5	13.9 ~ 138	64.2	8.52 ~ 152	64.4	10
SS	16 ~ 112	60	22.0 ~ 200	59.9	
COD_{Cr}	74 ~ 239	147	69.0 ~ 322	150	40
COD_{Mn}	14.4 ~ 39.4	25.4	11.5 ~ 47.9	23.7	15
TP	1.92 ~ 10.3	4.53	1.11 ~ 8.22	3.76	0.4
TN	17.3 ~ 51.1	28.6	11.0 ~ 49.3	27.0	2.0
$NH_4^+ - N$	5.00 ~ 36.6	18.8	4.87 ~ 40.1	17.5	2.0

6.3.1.2　工程布局

湖中湖生物净化工程由厌氧沉淀塘、曝气带、兼性塘、生态浮岛组成。厌氧沉淀塘充分利用海河河口区 170m 自然河道设置而成；湖湾设置 2 条曝气带，进行水下微孔曝气，曝气带相距 75m；兼性塘由湖中软性围隔坝体与河口区东岸湖堤围隔而成，呈扇形，面积 12000m²，塘内种植一定数量的漂浮植物；生态浮岛布置在软性围隔坝体两侧，采用竹筏浮床框架结构，共设置两组生态浮岛，其上种植李氏禾（草本）、旱伞草、芦苇、美人蕉等水生（湿生）植物。工程平面布局见图 6 - 7。

6.3.1.3　工程设计参数

工程总体设计参数见表 6 - 4。

表 6 - 4　工程总体设计参数表

序号	工程主要参量	设 计 参 数	备　注
1	工程区形状	长条扇形，海河 170m，湖内扇形	
2	工程区总面积/m²	24000	
3	工作水位/m	1886.5 ~ 1887.5	
4	工程区容积/m³	41000	
5	水流方式	沿长向平流	

续表6-4

序号	工程主要参量	设 计 参 数	备 注
6	设计流量/m³·d⁻¹	20000	
7	设计滞留时间/d	2.05	
8	设计去除能力		以工程区外为对照
	SS/%	30	
	COD$_{Cr}$/%	10	
	BOD$_5$/%	10	
	TP/%	10	
	TN/%	10	

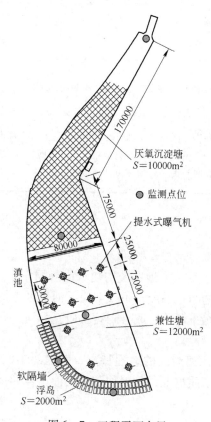

图6-7 工程平面布局

6.3.1.4 各工段设计参数

各工段设计参数见表6-5。

表 6 - 5　工程各工段设计参数表

序号	工程主要工段	设计参数	备注
1	厌氧沉淀区净化带	面积 15000m²；容积 15000m³；滞留时间 0.75d 沉淀区内水平流速： $v_{平均} = 0.0015$m/s（按 2 万立方米/d）核算 $v_{最大} = 0.007$m/s（按 10 万立方米/d）核算	海河河道及部分湖湾
2	提水式曝气机	11 台，单台增氧能力 $3.2 \sim 4.0$kg(O)/h，功率 1.5kW，总功率 16.5kW 面积 12000m²；容积 24000m³	湖湾内
3	兼氧塘净化带	滞留时间 1.2d 沉水植物盖度 30%	湖湾内
4	软性围隔 （工程区边界围隔）	长 300m，深 3.5m，柔性、全封闭，顶部出水	墙体采用工业滤布
5	浮岛生物净化带	每组长度 6m，宽度 3m，共 80 组，软性围隔末端两边设，每边 40 组。放射排列，总面积 2000m²，滞留时间 0.10d，流速 0.02m/s	湖湾内

6.3.2　技术特色

技术特色为：

(1) 该工程为集成了塘 - 湿地系统构建（围隔坝体）、生态浮岛技术等，形成了高效率的湖中湖生物净化系统，不仅解决了河口区土地稀缺的问题，而且有效削减海河冲击性入湖污染负荷，改善湖湾水质。为河 - 湖复合系统水环境的整体改善提供技术与工程示范。

(2) 本工程充分利用河湾区的地理特点，对受污染河水进行原位修复，极大地改善了入湖河水的水质情况，是一种防治湖泊富营养化的有效方法。

6.3.3　项目环境效益

受污染的入湖河水经过湖中湖生物净化工程强化处理后，进入滇池的河水水质已经得到了很大程度的改善，其中 COD 去除率达到 32.36%，BOD_5 的去除率达到 36.51%，TP 的去除率达到 46.55%，TN 的去除率达到 52.93%。各物质的去除率如表 6 - 6 所示。河口"湖中湖"工程照片如图 6 - 8 所示。

表6-6　污染物去除效果

监测项目	平均进水浓度/mg·L^{-1}	平均出水浓度/mg·L^{-1}	去除率/%
COD$_{cr}$	137.894	93.277	32.36
BOD$_5$	55.848	35.456	36.51
总氮	25.746	12.118	52.93
凯氏氮	29.203	12.969	55.59
总磷	2.694	1.440	46.55

图6-8　河口"湖中湖"工程照片

6.4　洱海罗时江河口湿地示范工程

6.4.1　工程内容

6.4.1.1　项目概况

大理洱海罗时江位于洱海北岸，发源于洱源县境内，全长18.3km，平均流量 13m³/s，占洱海补给水源的 13%，是洱海流域 5 条主要入湖河流之一。由于流域社会经济的发展，水污染严重，水质在Ⅳ、Ⅴ类之间波动，不能满足洱海水功能保护的"主要入湖河流水质达到（GB 3838—2002）Ⅲ类水水质标准"要求，主要为 COD 和 TN 超标。

6.4.1.2　主要工程内容

本工程以河口湿地作为削减罗时江径流污染源负荷的最后一道屏障，对削减罗时江入湖污染负荷、恢复河口生态系统，起到了十分重要的作用。河口湿地工程总体布局见图 6-9。

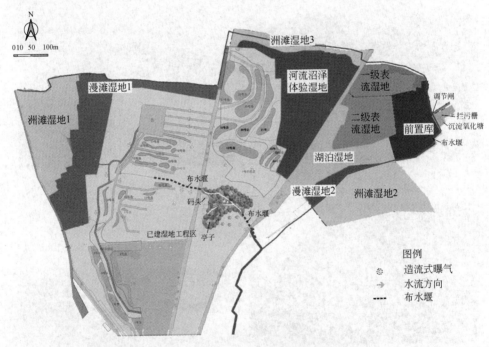

图 6-9　河口湿地工程总体布局

罗时江河口湿地位于洱海北部大理市上关镇大丽公路以北洱海水位消落带区域，湿地占地面积 727 亩，设计的正常运行水位为 1966.00～1965.85m，对应容积 53.6 万立方米，表面负荷 0.36m³/（m²·d），水力停留时间 3.1d。

6.4.2　技术特色

根据罗时江河口湿地工程区的平面分布和地形特点，以罗时江河道为中心，由暗坝调控和分流河水，形成一套系统性的水网系统，通过河流沼泽湿地、洲滩湿地和湖泊湿地实现水质净化，通过湿地植物种植促进生态环境恢复。

6.4.3 项目环境效益

罗时江河口湿地建成后，水质净化效果稳定：COD ≥ 40%，TP ≥ 30%，TN ≥ 20%，每年可削减入湖污染物：COD ≥ 216.36t/a、TN ≥ 23.73t/a、TP ≥ 1.63t/a、SS ≥ 326t/a；生态恢复情况良好，恢复各种植物32种，吸引新增鸟类2种，营造了一个仿自然湿地的河口生态环境，为罗时江上游区域村落和农业面源污水治理提供了有效实用的工程技术，取得了显著的环境效益和社会效益。项目实施后的现场情况如图6-10所示。

图6-10 罗时江河口湿地运行现状

6.5 滇池白鱼河口湿地生态示范工程

6.5.1 工程内容

6.5.1.1 项目位置

示范工程位于晋宁县上蒜乡下海埂村白鱼河口，具体位置见图6-11。

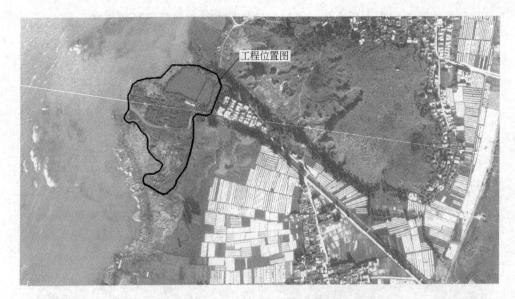

工程位置图

图 6 – 11 工程区域位置图

6.5.1.2 主要工程内容

工程设计内容包括工程功能分区、鱼塘岸带基底改造与农田区的沟塘系统构建、植物种植、湿地管理及工程量统计与概算等 5 个部分。

工程建设前，白鱼河口湿地土地利用状况为农田、菜地和鱼塘，通过工程的建设，将农田、菜地和鱼塘恢复成了总面积约 300 亩的河口湿地。

6.5.1.3 湿地社区管理

湿地社区管理包括以下两方面内容：

（1）湿地植物管理：当漂浮植物生长茂密时，通过人工对漂浮植物进行收获打捞。打捞时将植物全部捞起，仅留下植丛周边的幼苗作为种苗，供其自然繁殖、生长；每年对茭草、芦苇等挺水植物进行 2～3 次收割，所得植物产品可提供给附近农民做饲料或堆肥，也可将打捞起的植物集中进行简易发酵堆肥处理后施用于周围农田。湿地水生植物分蘖较快，可在有效管理的情况下，为其他湿地建设提供种苗（示范工程植物配制及分区见图 6 – 12）。

（2）游人的管理：工程建成后，景观环境得到大幅度提高，将会吸引大量游人前往参观、休憩，为了保证湿地持续、有效的运行，引入当地群众参与湿地日常的保护和管理工作。在发展旅游，为湿地的日常运行提供资金保障的同时，也为当地群众创造了一定的经济效益。

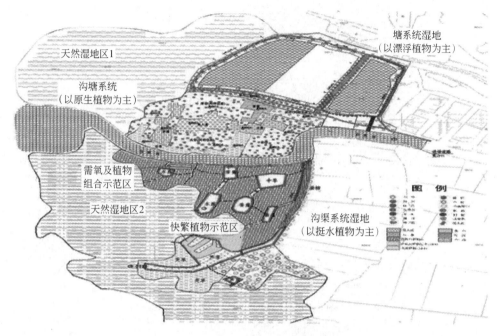

图6-12　示范工程植物配置及分区图

6.5.2　技术特色

6.5.2.1　技术集成

该工程集成了河道旁路拦污及净化、多塘系统及湖滨湿地等技术。该工程利用鱼塘、洼地等自然基础条件，通过适当的挖填方工程，扩大沟、塘系统规模，并对鱼塘和洼地进行改造，形成以平整高台为主、低洼水体沟塘相连的"通透"的地形特征。其具体工艺主要有农田废水通过节制闸拦截河道来水，引入旁路拦污及净化系统，进而构建沟-塘-库系统湿地等，在流动过程中通过生物助凝、吸附、周丛生物（包括微生物）降解、植物营养盐吸收、微生物同化等机制来净化径流废水，出水通过多个出口进入天然湿地以进一步净化，从而达到净化水质、恢复良性生态的目的。其集成技术示意图见图6-13。

6.5.2.2　创新点

湿地社区管理的创新点是：

（1）湿地挺水植物的泌氧技术。湿地植物的根系泌氧速率随着物种的不同而有较大差异。在光照条件下，根系泌氧速率大小依次为：菖蒲＞矮慈姑＞马蹄

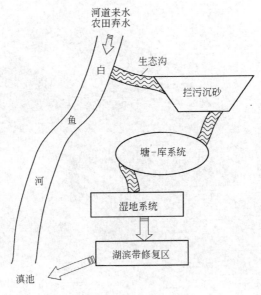

图 6 - 13 白鱼河口集成技术示意图

莲＞荭草＞香蒲＞水芹菜＞美人蕉＞旱芦苇。光照强度降低会导致各种湿地植物根部泌氧速率出现不同程度的降低，光照强度对植物根系泌氧速率的影响程度大小依次为：菖蒲＞矮慈姑＞水芹菜＞马蹄莲＞美人蕉＞旱芦苇＞香蒲＞荭草。

（2）常见湿地植物快繁技术。采用组织培养、无土介质（有基质）培养、无基质水培三种方式对慈姑、菖蒲、美人蕉、水芋、荭白、再力花、马蹄莲、鸢尾等挺水植物的快速繁殖栽培技术进行研究后表明，在6个月内提供湿地修复需要的批量种苗。

（3）湿生乔灌木筛选。通过湿生乔灌木的耐水涝胁迫试验、同一树种在不同水位的生长差异研究，筛选出鳞斑荚蒾、香油果、肋果茶、白枪杆、川滇杞木、慈孝竹等乔灌木耐水涝胁迫能力强，适合在滇池湖滨湿地种植。

（4）湿地植物群落配置及结构优化调控技术。植物组合：

1）茨菰、旱伞草、马蹄莲；

2）水芹、美人蕉、水芋；

3）水葱、菖蒲、鸢尾。

在不同基质条件下，针对不同的水质指标，水质优劣次序有不同的表现（6次取样平均），或者说在滇池湖滨湿地，在水力停留时间 5～9 天时，基质上覆水、根系层自由重力水水质与湿地植物组成无显著的相关性。湿地植物对营养盐的吸收一般依生长季节存在年内差异，且不同植物因生物量的不同而对氮磷养分的吸收量不同，因此在年或季节的时间尺度上，不同湿地植物的选择对湿地截留径流氮磷的能力应该有所差异。但在较小的时间尺度上，不同天然基质及不同植物组合的氮削减作用，在基质表层和根系层中并无显著差异。

（5）乔灌群落结构优化配置：针对白鱼河河口乔灌木树种单一，季相变化单调，冬季景观差，植物生态群落层次简单，整体景观不够丰富的现状，利用湿生乡土树种分区、分块构建和优化群落结构，形成群落丰富、结构稳定的良性湿地生态系统，达到持久稳定发挥生态及环境净化功能的效果，根据湿地类型（水沟、河道、池塘、堤坝、滨湖浅滩等）及水域形状、水位的不同，总结出滨湖浅滩湿地乔灌木群落配置模式、池塘及河道湿地植物景观配置模式、水沟、低洼水坑湿地植物景观配置模式及人工岛、堤坝（木栈道）湿地植物景观配置模式。

（6）不同岸带适宜基底修复技术。形成了河沟塘连通技术及堆坡技术两种适宜于湿地基底类型的修复技术。

（7）滇池湖滨湿地长效运行的社区共管模式。社区共管是指当地社区共同参与湿地管理方案的决策、实施和评估的过程，其主要目标是生态环境保护和社区可持续发展的结合。通过社区共管，吸引当地社区居民参与项目管理，从项目开始的咨询和论证，到项目的计划、确定、设计、实施和评估。当地社区的参与不仅体现在对一些战略性决策的参与，还表现在让社区居民有机会参加日常的湿地管理工作，获得相应的经济收益，同时可显著提高社区居民的生态环保意识。

6.5.3 项目环境效益

6.5.3.1 环境、生态效益

（1）水质净化效果。建立水质净化效果观测区，在进出口分别布设两处监测点，对湿地净化白鱼河河水的效果作跟踪监测。通过对工程建设及运行期的水质监测资料分析结果来看，河水经湿地生态系统，河水中各类污染物会得到不同程度的减少。分析结果表明，湿地对 SS、$NH_4^+ - N$、TN、TP、COD 这 5 类污染物质的去除能力均在 10% ~ 90% 之间，平均去除能力在 30% ~ 50% 之间，去除效果明显。

（2）生物多样性恢复。白鱼河口湿地在实施退塘（地）还湖、生态修复及保护工程时，因地制宜修复湿地物理基底，利用现有地形及土地利用情况，采用尽可能少的工程整理土地，基本形成了有效的配置污水的沟塘系统，在系统中配置适宜生存的乔、灌、草植物，实现生态修复和自然湿地抚育的有机结合。

沿湿地高程梯度变化，白鱼河口湿地基本形成了沉水植物—浮叶—漂浮植物—挺水植物—湿生植物—陆生植物的群落分布，植物种类由原来的 13 种增加至 98 种，生物多样性得到极大丰富。植物群落类型由原来的茭草、红线草群落

2 个类型增加至茭草群落、芦苇群落、香蒲群落、水葱群落、旱伞竹群落、李氏禾群落、荷群落、凤眼莲群落、喜旱莲子草群落、水凤仙群落、荇菜群落、篦齿眼子菜群落以及乔木 13 种类型，群落类型增加了 11 个。植物生物量由原来的 8.7t 增加至 874.1t，植被覆盖率由原来的 14.8% 增加到现在的 95% 以上，湿地生态功能增强，景观改善明显，整个生态系统得到了较好的恢复。

但从生物群落的稳定性方面来看：外来种群茭草、凤眼莲、喜旱莲子草分布面积 78450m²，占整个项目区生物分布总面积的 49.5%，与滇池东南岸湿地历史分布的生物类群对比，白鱼河口湿地现状生物群落受外来物种的影响，群落稳定性还存在一些问题，还有待继续加强湿地优化管理，采用人工方法促进湿地物种恢复与丰富，促使湿地净化水质功能的正常发挥，湿地生态功能强化，可进一步增强湿地生态系统的稳定性。

6.5.3.2　社会经济效益

示范工程所带来的社会经济效益主要体现在示范工程的建设能带动当地群众的社会参与，增加当地居民的经济收入（平均增加为 150 元/(户·月)），调动居民参与保护湿地的积极性，还能提高周边群众的环保意识、生态意识。白鱼河口示范工程现场图片，如图 6 – 14 所示。

图 6 – 14　白鱼河口示范工程现场照片

6.6　通海杞麓湖红旗河口湿地示范工程

6.6.1　工程内容

6.6.1.1　工程概况

本项目位于杞麓湖流域红旗河入湖口处，设计目的主要包括三方面：

（1）针对红旗河口存在的污染问题，提出相应工程措施，拦截污染物、沉淀泥沙，净化水质，降低入湖污染物的负荷，有效改善河口区水域的水质。

（2）恢复生态多样性。通过对湿地的长期经营管理，形成具有鲜明特色的、景观怡人的、具有健康气息和活力的生态系统，恢复入湖口生态多样性，为鱼类、鸟类的栖息、繁殖创造生活环境。

（3）兼顾景观效果的改善，形成景观怡人的景观旅游点，促进旅游的发展。

工程占地面积为236.24亩，湿地处理能力为平均3.1万立方米/天，工艺采用旁路拦污+原位微曝气接触氧化+表流湿地工艺。工艺流程为河水通过改造的节制闸拦阻后水位提高至1796.60m，从河道一侧进拦污沉砂池，拦污沉砂池中设置的一道长为60m的弧形拦污栅，拦污沉砂池的正常水位为1796.55m。水流以极低的速度在拦污沉砂池内流动，通过生物助凝、吸附、周丛生物（包括微生物）降解、植物营养盐吸收、微生物同化等机制净化河水。得到初步处理的河水通过联通孔进入太阳能风力微曝气接触氧化池，经微生物降解净化后进入一级表流湿地，一级表流湿地的高水位在1796.45m，最后经过出配水管流到二级表流湿地中，二级表流湿地的高水位在1796.35m，表流湿地中设置浮岛，以加强对水的净化效果，水通过出水孔，最后进入杞麓湖。

6.6.1.2 工艺流程及设计参数

工艺流程见图6-15。

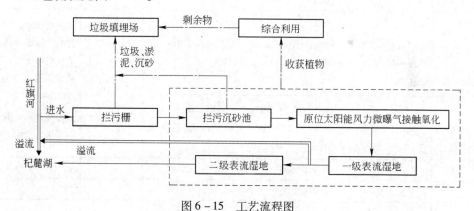

图6-15 工艺流程图

总体设计参数及各段设计参数见表6-7和表6-8。

表6-7 工程总体设计参数表

序号	项 目	设计参数	备 注
1	工程区形状	大体为一长条形	包括范围里所退鱼塘等
2	工程区总面积/亩	236.24	

序号	项 目	设 计 参 数	备 注
3	湿地区面积/亩	211（140814m²）	其余做陆地景观区
4	正常工作水位/m	1796.60～1796.00	水位差 0.60
5	工程区有效容积/m³	309460	
6	设计处理能力/m³·d⁻¹	平均31000	最大35000
7	设计平均停留时间/d	9.98	8.8
8	平均水力负荷/m³·(m²·d)⁻¹	0.2	0.18

表6-8 各段设计参数

序号	主要工段	设计参数	结构形式	备 注
1	节制闸	1座，宽24m	钢制	红旗河原有拦污栅改造
2	拦污栅	1道60m，栅条拦污，栅条长2.0m，间距0.07m，过栅流速 $v=0.01\text{m/s}$		
3	拦污沉砂池	1个，总面积6690m²，有效水深2.55m，有效容积 $V=17059\text{m}^3$，HRT13.2h，平均水平流速0.007m/s	自然基底	
4	太阳能微曝气接触氧化池	两组，面积5168m²，有效水深2.5m，有效容积 $V=12920\text{m}^3$，HRT10h		鱼塘改造，配置太阳能板和风力发电系统作为清洁能源
5	一级表流湿地	推流，面积26833m²，平均水深1.45m，有效容积38907m³，HRT30h，水平流速0.001m/s	不做基底修复	种植芦苇、香蒲等水生植物
6	溢流管	40个 DN500		
7	配水管	18个 DN500		
8	二级表流湿地	推流，面积104597m²，平均水深2.3m，有效容积240573m³，HRT7.7d，水平流速0.001m/s	不做基底修复	自然恢复沉水植物
9	出水口	多个孔出水		

6.6.2 技术特色

技术特色为：

（1）本技术总体上属于旁路技术，即将河水通过闸门拦截到旁路系统中净化后排放到湖体，在不影响行洪安全的前提下，实现了面源污水的净化；

（2）实现了大断面旁路拦污＋原位太阳能曝气接触氧化＋表流湿地相结合的集成技术应用；

（3）首次实现了将太阳能微曝气技术规模化应用。太阳能电池板面积达到 $200m^2$，装机功率达到 15kW。同时采用原位曝气技术，强化了污水的净化效果。

6.6.3　项目效益

通过湿地自然净化技术，能大大降低红旗河污染物的入湖量，整个项目的实施将显示出良好的环境效益，优化生物群落结构，从而增加红旗河河口区域的生物多样性，生态环境效益突出。湿地具有很强的降解污染的功能。湿地植物、微生物等通过物理过滤、生物吸收以及化学合成、分解等，使流入湖的水体得到净化。湿地植物带能使大量的低等水生生物得到繁殖，为鱼类和鸟类提供丰富的食物来源，有利于构建湖区生态系统的良性循环。

每年处理来水 780.6 万立方米，每年污染物削减量分别为 COD：93～140t/a、BOD_5：23～37t/a、SS：218～272t/a、TN：23～27t/a、TP：0.7～1.1t/a；拦截垃圾 2 万吨/a（按照固废排放量×0.7 计算），阻止泥沙直接进入湖泊约 2 万吨。

恢复湖滨带的生物多样性和景观多样性，再现人与自然和谐相处的高原湖泊自然景观，提高湖滨带的生态服务功能。使区域内的人民群众切身体会到环境改善带来的利益，潜移默化中唤醒和更新环境保护意识，有助于提高区域内人民群众的环保意识。工程运行现场的照片如图 6-16 所示。

图 6-16　工程运行现场照片

6.7　抚仙湖梁王河治理工程

6.7.1　工程内容

6.7.1.1　项目概况

玉溪抚仙湖澄江梁王河位于抚仙湖北岸，发源于澄江县梁王山山脉南部，全长 20.3km，从梁王河水库至河口全长 7.7km，本工程范围从梁王河水库起，截止至河口区。

梁王河主要功能为水库、流域泄洪和农田灌溉、排水，年径流量 1500 万立方米，占抚仙湖补给水源的 9%，是抚仙湖流域 104 条河流（包括农灌沟和季节性河流）、北岸 6 条主要河流中补水水量较大的河流之一。

由于梁王河穿越的区域为村镇及农田交错区，河水进出农田区域较为频繁，水质污染较为严重，水质变化波动较大，最差水质发生在农田排水和初期地表径流汇入期，远不能满足抚仙湖 I 类水功能的保护要求，主要为 COD 和 TN 超标。

6.7.1.2　主要工程内容

本工程以河道旁路净化系统作为梁王河水质净化的技术措施，对削减入河污染负荷、保护抚仙湖水环境，起到了十分重要的作用。

项目中涉及河流分流农灌沟 5 条，建设河道旁路净化系统 5 套，处理规模为 15.76 万立方米/天，旁路净化系统占地面积 69.9 亩，有效容积 30 万立方米，水力停留时间 1.90d。

6.7.2　技术特色

设计中针对梁王河分流灌溉和农田排水的两个功能特点，排水农灌沟作为河流分流→汇集（包括雨水）的特点，以农灌沟作为河流的旁路水网，在其入河前的末端采用塘库调蓄、沉淀和水质净化的功能，通过沉淀塘、氧化塘、潜流湿地实现水质净化。

6.7.3　项目环境效益

梁王河旁路净化系统建成后，水质净化效果稳定：COD≥30%，TP≥20%，TN≥20，每年可削减入河、湖的污染物：COD≥124.87t/a、TN≥16.82t/a、TP≥1.78t/a、SS≥214t/a。为梁王河上游区域村落和农业面源污水治理提供了有效实用的工程技术，取得了显著的环境效益和社会效益。项目实施后的现场情况如图 6-17 所示。

图 6 - 17　梁王河旁路—塘库系统运行现状

6.8　安宁集中式饮用水源地车木河水库河口湿地一期工程

6.8.1　工程内容

车木河水源地湿地一期工程建设地点在双河入库口处,温水村下游,占地面积为264.75亩(176508m²)。人工湿地处理能力为平均30000m³/d,满足枯水、平水期水处理要求;丰水期流量较大时可进行初级沉淀处理,多余的则通过闸门溢流。工艺流程:采用表流湿地工艺,见图6-18。

总体设计参数见表6-9。

表6-9　工程总体设计参数表

序号	项　　目	设 计 参 数	备　　注
1	工程区形状	带　状	包括范围里所退农田、荒地、沼泽、藕塘
2	工程区总面积/亩	264.75(176508m²)	

序号	项　目	设 计 参 数	备　注
3	丰水期工作水位/m	1948.50 ~ 1948.00	水位差 0.5
4	平水、枯水期工作水位/m	1948.50 ~ 1945.50	水位差 3.0
5	工程区有效容积/m³	73015	
6	设计处理能力/m³·d⁻¹	平均 30000	1 ~ 4 月份, 5056; 10 ~ 12 月份, 17800; 5 ~ 9 月份, 55319
7	设计平均停留时间/d	2.4	1 ~ 4 月份, 14.4; 10 ~ 12 月份, 4.1; 5 ~ 9 月份, 1.3
8	平均水力负荷/m³·(m²·d)⁻¹	0.17	
9	平均 BOD₅ 负荷/kg·(hm·d)⁻¹	30.5	

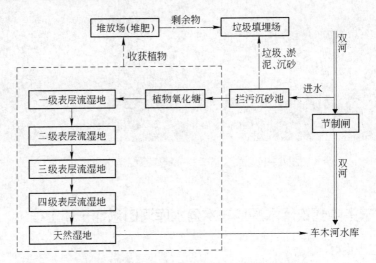

图 6-18　车木河水源地湿地一期工程工艺流程

主要设计参数包括面积、容积、停留时间、流速、标高等，见表 6-10。

表 6-10　设计参数

序号	主要工段	设 计 参 数	结构形式	备注（标高）
1	节制闸	在河道建设节制闸 3 道	闸墩、起吊架为钢混结构，闸板为钢制结构，5t 手动葫芦起吊	
2	拦污栅	2 道，栅条拦污，栅条长 2.0m，间距 0.06m，过栅流速 $v = 0.01$m/s	分别长 42m、38m	栅条上为弧形走道，宽 1.3m，走道顶标高 1949.0m

序号	主要工段	设 计 参 数		结构形式	备注（标高）
3	植物氧化塘	2 个，总面积 4893m²，有效水深 2.0m，有效容积 V = 9786m³，HRT 7.8h，平均水平流速 0.007 m/s		四侧墙体为浆砌毛石结构，布水堰为毛石混凝土结构，泥土质池底	池底标高 1946.6m
4	进水断面	④埂 A-B	长 40m，矩形孔中心距离 8m，共 5 个，孔宽 2m	浆砌毛石结构，上盖板，可过人	顶标高 1949.40m，底标高 1946.60m
		①埂 G-M	长 35m，矩形孔中心距离 8m，共 4 个，孔宽 2m	浆砌毛石结构，上盖板，可过人	顶标高 1949.40m，底标高 1946.60m
5	溢流断面	④埂 C-D	长 27m，矩形孔中心距离 5m，共 5 个，孔宽 2m	浆砌毛石结构，上盖板，可过人	顶标高 1949.40m，底标高 1948.80m
		①埂 L-K	长 29m，矩形孔中心距离 5m，共 6 个，孔宽 2m	浆砌毛石结构，上盖板，可过人	顶标高 1949.40m，底标高 1948.80m
6	布水堰1	⑥埂 D-E	长 78m，三角堰中心距离 0.8m，共 98 个，三角堰角度 60°	浆砌毛石结构	堰顶标高 1948.80m，堰底标高 1948.50m
		③埂 J-K	长 54m，三角堰中心距离 0.8m，共 68 个，三角堰角度 60°	浆砌毛石结构	堰顶标高 1948.80m，堰底标高 1948.50m
7	一级表流湿地	水平流，面积 57002m²，平均水深 0.15m，有效容积 8550m³，HRT 6.8h，水平流速 0.001m/s		适当基底平整，至少保证水深 0.1 ~ 0.2m	底标高 1948.4 ~ 1948.0m
8	布水堰2	⑦埂	长 43m	生态土埂，土 + 孔心砖	孔顶标高 1948.43m，底标高 1948.20m
		⑧埂	长 63m	生态土埂，土 + 孔心砖	孔顶标高 1948.43m，底标高 1948.20m
9	二级表流湿地	水平流，面积 19043m²，水深 0.2 ~ 0.8m，有效容积 7617m³，HRT 6.1h，水平流速 0.001m/s		适当基底平整，至少保证水深 0.3 ~ 0.5m	底标高 1947.95 ~ 1947.20m
10	布水堰3	⑨埂	长 110m	生态土埂，土 + 孔心砖	孔顶标高 1948.23m，底标高 1948.00m
		⑩埂	长 59m	生态土埂，土 + 孔心砖	孔顶标高 1948.23m，底标高 1948.00m

序号	主要工段	设 计 参 数	结构形式	备注（标高）
11	三级表流湿地	水平流，面积34672m²，水深0.4~1m，有效容积13868m³，HRT 11h，水平流速0.001m/s	适当基底平整	底标高1947.1~1946.20m
12	布水堰4	⑪埝长25m、⑫埝长49m	浆砌毛石结构	顶标高1947.30m，底标高1947.00m
13	四级表流湿地	水平流，面积18696m²，平均水深0.5m，有效容积9348m³，HRT 7.5h，水平流速0.001m/s	适当基底平整	底标高1946.40~1945.40m
14	布水堰5	⑬埝长39m、⑭埝长32m	浆砌毛石结构	顶标高1946.70m，底标高1946.40m
15	五级表流湿地	水平流，面积21924m²，平均水深0.6m，有效容积13154m³，HRT 10.5h，水平流速0.001m/s	适当基底平整	底标高1945.40~1944.70m
16	布水堰6	⑮埝长73m	浆砌毛石结构	顶标高1945.50m，底标高1945.80m
17	天然表流湿地	水平流，面积17818m²，水深0.3~0.8m，有效容积10690m³，HRT 8.5h	天然	底标高1945.00~1944.5m

6.8.2 技术特色

技术特色为：

（1）在云南省饮用水源地中首次大规模应用湿地技术对面源废水进行处理，效果良好，运行长期稳定，并能适应季节的变化，水量的变化；

（2）采用河道两侧旁路系统实现对面源废水的净化；

（3）在温差较大的山区，种植了大面积的挺水植物香蒲、芦苇、水葱等，植物长势良好。

6.8.3 项目环境效益

每年污染物的削减量分别为 COD_{cr}：197.1t/a、BOD_5：87.6t/a、SS：1303t/a、TN：16.4t/a、TP：5.5t/a；拦截垃圾40t/a，收获植物2000~4000t/a，阻止泥沙直接进入水库2.7万吨。一期湿地工程削减量占了车木河总入库污染负荷比例COD：51.76%；TN：18.44%；TP：30.64%。一期工程运行的照片如图6-19所示。

图 6-19 一期工程运行照片

6.9 安宁集中式饮用水源地车木河水库河口湿地二期工程

6.9.1 工程内容

项目位于招坝小河入库口处，总面积为 185.12 亩，人工湿地处理能力为平均 $2500m^3/d$，工艺采用原位表流湿地工艺，见图 6-20。

工艺流程：招坝小河水通过一级布水堰拦阻后水位提高至 1948.05m，先进

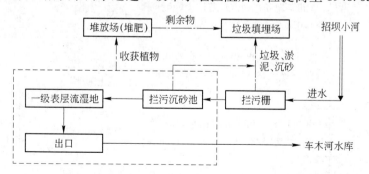

图 6-20 车木河水库河口湿地二期工程工艺流程

入拦污沉砂池（兼做植物氧化塘），在拦污沉砂池的前端进行垃圾拦截及整个塘内沉砂后，水流进一级表流湿地。植物氧化塘中设置的长35m的拦污栅，拦污沉砂池的正常水位为1948.00m。水流以极低的速度在拦污沉砂池内流动，通过生物助凝、吸附、周丛生物（包括微生物）降解、植物营养盐吸收、微生物同化等机制对河水进行净化。得到初步处理的河水通过一级布水堰进入一级表流湿地，最后经过出水口进入库区。工程设计参数见表6-11和表6-12。

表6-11 工程总体设计参数表

序号	项 目	设 计 参 数	备 注
1	工程区形状	长条形	包括范围里所退农田、水域
2	工程区总面积/亩	185.12	30.13 建设湿地，其余 154.99 建设生态缓冲带
3	湿地区面积/亩	30.13（20088m^2）	除最高水位线内实际面积，还包括右侧经过改造的耕地
4	正常工作水位/m	A-A 剖面：1948.05~1947.50 B-B 剖面：1948.05~1947.80	水位差 0.55 水位差 0.25
5	工程区有效容积/m^3	48578	
6	设计处理能力 /m^3·d^{-1}	平均2500	最大 3500
7	设计平均停留时间/d	18.88	最少 15.7
8	平均水力负荷 /m^3·(m^2·d)$^{-1}$	0.13	最大 0.17

表6-12 设计参数

序号	主要工段	设 计 参 数	结构形式	植物配置
1	拦污栅	1 道，栅条拦污，栅条长 2.0m，间距0.08m，过栅流速 v = 0.01m/s	长 35m	
2	拦污沉砂池	1 个，总面积 1924m^2，有效水深2.5m，有效容积 V = 4810m^3，HRT 1.9d，平均水平流速 0.007m/s	布水堰为毛石混凝土结构，泥土质池底	水芹菜
3	布水堰	共分 1 级，一级布水堰长为 23m，顶标高分别为 1948.05m	浆砌毛石结构	单个堰断面 0.3m×0.3m
4	配水渠	长 500m，宽 1.5m，深 0.7m	利用灌溉渠改造，砖砌沟帮，混凝土底	

续表 6-12

序号	主要工段	设 计 参 数	结构形式	植物配置
5	一级表流湿地	A 剖面：水平流，面积 12445m²，纵向平均水深 3~3.5m，有效容积 37335m³，HRT 14.9d，水平流速 0.001m/s； B 剖面：水平流，面积 5719m²，纵向平均水深 0.2m，有效容积 1144m³，HRT 0.46d，水平流速 0.001m/s	A-A 剖面表流不做基底修复，B-B 剖面表流做基底修复，平整至 1947.60m	芦苇、香蒲
6	出水口	长 20m，高 0.6，口底标高 1947.50m	桥涵型	

6.9.2 技术特色

技术特色为：

（1）采用河道原位技术系统实现对面源废水的净化；

（2）采用原为大断面拦污栅对漂浮物进行有效拦截。

6.9.3 项目环境效益

每年污染物的削减量分别为 COD：21.93t、SS：228.13t、TN：2.84t、TP：0.15t；拦截垃圾 20t/a，收获植物 170~220t/a，阻止泥沙直接进入水库 0.5 万吨。二期湿地工程削减量占了车木河总入库污染负荷比例 COD：21.93%；TN：5.31%；TP：15.7%。二期湿地照片如图 6-21 所示。

图 6-21 二期湿地照片

7   管理模式示范研究

湖泊是一个复杂、动态的生态系统，湖泊富营养化是很复杂的环境问题，对其发生机理、水华防治、面源污染治理、生态修复等方面目前还缺乏系统的认识。湖泊的保护治理既具有紧迫性，又具有艰巨性和长期性，如日本的琵琶湖的治理就用了 27 年的时间，投入了 185 亿美元，才使水体基本变清。几年前中国就已开始西部大开发，加强生态环境保护和建设是实施西部大开发战略的关键。作为实施西部大开发战略省份之一的云南，湖泊环境的保护和修复是其环保工作的重中之重。在云南省即将大规模开展湖泊治理工作之际，为了使云南的九大高原湖泊治理计划获得成功，有必要及时充分地借鉴国际湖泊治理及管理的方法及成功的经验。

2001 年 11 月，在云南省政府的大力支持下，继世界第九届国际湖沼会议之后不久，召开了备受人们关注的、结合中国和云南实际情况的、富营养化湖泊治理及湖泊管理昆明国际讨论会。与会者一致认为，当前湖泊富营养化的治理与管理研究迫在眉睫，应从以下 9 个方面加强研究：

（1）湖泊水体富营养化的过程和形成机制，及对湖泊生态环境的影响；

（2）湖泊生物多样性的动态与保护研究；

（3）湖泊富营养化的生态恢复与生态工程研究；

（4）蓝藻控制与水生生态的影响研究；

（5）汇流区管理与水生生态的研究；

（6）污水与底泥处理技术的研究；

（7）人类健康与水质研究；

（8）水污染经济成本与水资源经济学研究；

（9）湖区生态道德倡导与公众参与和管理研究。

由此可见，对湖泊湿地的保护原本属于湖泊湿地自然生态系统的问题，但很快演变成为了科技问题、资源管理问题、健康问题、经济问题、文化问题、国际政治问题甚至意识形态问题。湖泊湿地方面的自然科学家依然在研究生物与环境之间的相互作用，解释污染造成的环境后果，并预言湖泊湿地环境的变化可能对人类造成的生态影响。同时，技术专家试图使工业和其他经济活动符合湖泊湿地环境保护的要求；法律专家试图按照湖泊湿地环境保护的要求去调整国内和国际的湖泊湿地生物多样性保护法律；经济学家试图将湖泊湿地环境成本和效益纳入经济计划的范围；社会学家和政治学家在考察促进或减轻破坏性活动的社会互动模式；人类学家在研究环境话语体系全球化背景下的环境决定论对人类文化的影响；而哲学家和伦理学家正在努力将传统价值和传统信仰作为环境伦理的基础。

通过对历次世界湖泊大会主题和议题的梳理，可以看出，湖泊管理和保护的趋势是从刚开始的简单关注于湖泊环境的具体问题，如：湖泊萎缩、污染、富营养化、酸化、毒性化、生态功能、丧失等问题，逐渐向湖泊的可持续发展、系统发展、和谐发展、面向未来的全球合作的湖泊治理和管理的新模式。

以流域为单元的湖泊流域一体化管理和综合管理模式是实现湖泊管理与保护的必然选择。从目前国内保护治理的模式来看，大多数仅仅针对湖泊水体本身采取相应措施，不考虑污染物入湖前的过程，效果不是很显著。而国际上几乎所有管理比较成功的都是针对湖泊流域进行综合管理的。因此，现代湖泊水污染防治必须要以全流域的视野，从岸上入手，与湖泊水体结合，运用湖泊水动力水质模型辅助手段，形成湖泊综合防治模式。这种模式以湖泊流域的水循环为基础，综合考虑湖泊治理的工程措施、非工程措施和生物措施等，结合湖泊水体水量、水质和水生态系统的演变规律，形成一个完整的湖泊流域管理与保护体系。因此，我们认识到清洁的水不是孤立存在的，而是存在于健康的河流生态系统之中，水环境治理和保护的尺度需要放大到淡水生态系统，实施有效的综合管理战略。

高原湖泊对整个人类的生存环境起到了举足轻重的作用，引起了世界各国的普遍重视。为了对高原湖泊进行有效的保护和管理，包括中国在内的世界各国建立了高原湖泊保护区。我国在高原湖泊管理方面取得了一定的成绩，但是由于我国高原湖泊建立时间比较晚，再加上高原湖泊保护区类型多样，因此我国高原湖泊在管理方面仍存在一定的问题。为此，如何对目前我国高原湖泊管理模式进行科学合理的评估，并根据不同保护区的实际情况提出改进措施，就成为保护区发展道路上急需解决的问题。本书中，在对我国高原湖泊管理模式进行分类评估的基础上，试图对保护区管理模式提出自己的见解。

7.1 我国现行水资源管理模式的内容

7.1.1 我国现行水资源管理的基本制度

根据我国现有的水资源管理的法律法规，我国现行水资源管理的基本制度框架有以下几点：

（1）水资源权属制度。根据《宪法》第九条、《水法》第三条的规定：水资源属于国家所有。水资源的所有权由国务院代表国家行使。农村集体经济组织的水塘和由农村集体经济组织修建管理的水库中的水，归各农村集体经济组织使用。所以，我国水资源权属上奉行国家所有和集体所有。

(2) 提倡国有民用制度。《水法》第六条规定：国家鼓励单位和个人依法开发、利用水资源，并保护其合法权益。开发、利用水资源的单位和个人有依法保护水资源的义务。

(3) 水资源的规划制度。《水法》第二章对水资源的规划作出了全面的规定。国家制定全国水资源战略规划。开发、利用、节约、保护水资源和防治水害，应当按照流域、区域统一制定规划。规划分为流域规划和区域规划。流域规划包括流域综合规划和流域专业规划；区域规划包括区域综合规划和区域专业规划。

(4) 水资源保护制度。《水法》第四章提出国家保护水资源，采取有效措施，保护植被，种树种草，涵养水源，防治水土流失和水体污染，改善生态环境。国家建立饮用水水源保护区制度。制定水资源开发、利用规划和调度水资源时，应当注意维持江河的合理流量和湖泊、水库以及地下水的合理水位，维护水体的自然净化能力。按照流域综合规划、水资源保护规划和经济社会发展的要求，拟定国家确定的重要江河湖泊的水功能区划。

(5) 水资源开发利用节约用水制度。《水法》第四十四条规定：国家鼓励开发、利用水能资源。国家鼓励开发、利用水运资源。开发、利用水资源，应当坚持以兴利与除害相结合，兼顾上下游、左右岸和有关地区之间的利益，充分发挥水资源的综合效益，并服从防洪的总体安排；应当首先满足城乡居民的生活用水，并兼顾农业、工业、生态环境用水以及航运等需要；应当结合本地区水资源的实际情况，按照地表水与地下水统一调度开发、开源与节流相结合、节流优先和污水处理再利用的原则，合理组织开发、综合利用水资源。国家厉行节约用水，大力推行节约用水措施，推广节约用水新技术、新工艺，发展节水型工业、农业和服务业，建立节水型社会。单位和个人都有节约用水的义务。

(6) 水资源取水许可制度和有偿使用制度。《水法》第四十八条规定了国家对水资源依法实行取水许可制度和有偿使用制度。直接从江河、湖泊或者地下取用水资源的单位和个人，应当按照国家取水许可制度和水资源有偿使用制度的规定，向水行政主管部门或者流域管理机构申请领取取水许可证，并缴纳水资源费，取得取水权。但是，农村集体经济组织及其成员使用本集体经济组织的水塘、水库中的水除外。

(7) 水资源配置制度。《水法》第四十七条规定：国家对用水实行总量控制和定额管理相结合的制度。国务院发展计划主管部门和水行政主管部门负责全国水资源的宏观调配。水的中长期供求规划应当依据水的供求现状、国民经济和社会发展规划、流域规划、区域规划，按照水资源供需协调、综合平衡、保护生态、厉行节约、合理开源的原则制定。

(8) 水资源管理体制。根据《水法》第十二条规定：国家对水资源实行流域管理与行政区域管理相结合的管理体制。国务院水行政主管部门负责全国水资源的统一管理和监督工作。

（9）水利是基础产业。水利是国民经济的基础设施和基础产业。国家加强水资源的管理，实行优先发展水利产业的政策，鼓励社会各界及境外投资者通过多渠道、多方式投资兴办水利项目。

7.1.2 我国现行水资源管理体制的表现

改革开放三十多年来，我国水资源管理体制几经变革，在 2002 年修订的《水法》中明确规定："国家对水资源实行流域管理与行政区域管理相结合的管理体制。国务院水行政主管部门负责全国水资源的统一管理和监督工作。国务院水行政主管部门在国家确定的重要江河、湖泊设立的流域管理机构（以下简称流域管理机构），在所管辖的范围内行使法律、行政法规规定的和国务院水行政主管部门授予的水资源管理和监督职责。县级以上地方人民政府水行政主管部门按照规定的权限，负责本行政区域内水资源的统一管理和监督工作。"

中国现行水资源管理体制是基于这一规定而建立的。

7.1.3 我国现行水资源管理模式评价

当代中国水资源管理模式是由水资源传统管理模式发展演进而来的。传统的水资源管理模式建立的基础是"世袭官僚制"，其结构表现为一种行政主导下的科层结构（如图 7－1 所示）。这种结构的目的就是要用行政控制代替政治谈判。我们知道，水资源管理的目标就是保证国家水资源的安全，所以，这就使得治水的过程更多的是一个政治过程。这种科层治水结构是采取强制性行政措施取代了政治交易，而不是市场交易。无论是政治交易，还是市场交易，这种科层结构都节约了讨价还价的成本。在治水中就是节约了合作成本。但是，在今天的时代背景下，合作精神是被极度重视的。经过改革，当前我国水资源政府管理模式也不再是过去那种计划经济体制下的传统管理模式，国家重视水资源，产权制度、管

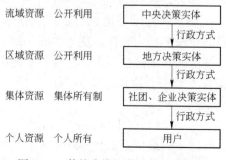

图 7－1 传统水资源管理模式结构图

理方式、管理手段更加丰富了，但本质上还是行政主导下的科层结构。因为由于历史的原因和体制的惯性，高度集中的计划经济体制和与之相应的全能统治政府模式的影响至今犹在，我国目前的官僚体制整体上仍处于发展不足的状态。

所以，当前的水资源管理模式如图7-2所示。

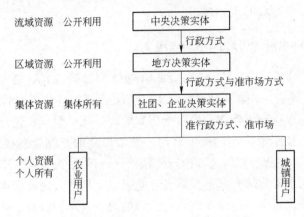

图7-2 现阶段中国水资源治理模式

我国当前采取水资源管理模式是在传统管理模式上变革而来的，这种变革只是在体制层面及技术层面，没有涉及制度层面，因而从本质上来讲，当前的水资源政府管理模式仍然是国家集权式的管理模式，或者权威管理模式。政府以公共权力为后盾，以权威手段供给公共物品的模式，是人类社会所发明的无数制度安排中最重要的一个。历史及现实已经证明，甚至未来还会证明，这是一种最为重要的管理模式：强调了政府机构是公共物品和公共服务的唯一提供者；行政手段被看做是一种首要的管理形式，具有永久性和稳定性；可实行政府组织内部的层级管制。

国家集权管理体制在推行中存在诸多限制因素，如政府自身的垄断性及科层制的固有缺陷，导致集权管理体制"失灵"。这种模式发展到一定规模时会产生相应的问题和负效应。具体表现为：

（1）制度运行成本太高。首先维持庞大官僚组织体系的运行，需要支付较高的运行费用；水资源涉及众多行为主体，达成协商一致的规则难度较大，协调成本高；使用者众多、资源分布的区位因素，监督资源使用者行为及其绩效难度大，监督成本高；决策权力集中，决策方案资源的共性、轻资源使用者的差异性，决策失误的机会成本高。

（2）信息完全和信息不对称。由于资源的不确定、时空差异性、人的有限理性和计量技术的缺乏等因素，政府及其代理人不可能获取资源的全部信息，同时由于职业管理人员的任职限制，其收益往往不与所提供的服务挂钩，无法鼓励他们去获取资源的全部信息。由于资源使用者的社会主义倾向，常常隐瞒自己的真实情况，政府及其代理人也不能获取资源使用者行为的安全信息。建立在信息不完全和信息不对称情况下的制度安排，往往脱离实际，给资源使用者不恰当的激励，无法破解"囚徒困境"的难题和消除"集体行动"的困境，资源管理目标不能实现。

（3）代理问题。水资源国家集权管理体制实际上是一种多重委托-代理关系。委托-代理问题是由于理性的代理人有个人利益最大化的诱因存在，忽视委托人的利益，二者目标不一致，导致代理人的行为违背委托人的意愿。或者由于管理部门需要处理的事务太多，代理人难以兼顾每项事务，代理人因缺乏专业知识而产生管理不善的问题。或者由于委托人数众多，且分散，获取代理人行为特征的信息成本太高，单个委托个体没有能力监督考核代理人的行为绩效，监督付出的成本与所获取的预期收益不对称，缺乏激励监督代理人，从而导致代理人的行为侵害委托人的利益，导致资源配置效率的损失。

（4）腐败问题。政府及其各级管理机构作为资源管理的唯一主体，掌握着稀缺资源的配置权，具有创租的可能性，在水资源分配、用水定额确定中都存在创租行为。政府官员作为理性经济人，有增加控制权以及个人利益最大化的偏好，为获取更多资源的控制权，必然会发生各种寻租活动，从而导致各种腐败行为的发生，影响了资源配置效率和公平。我国有专家指出，在有些城市实行的用水定额管理制度，为水管部门带来了寻租机会，有可能诱发寻租腐败问题。

这种管理模式发展到一定规模，在实际运行过程中，必然会面临巨大压力，产生信任危机，所以变革是必然的。

7.2 我国现行水资源管理模式存在的问题

自 1949 年中华人民共和国成立至 1978 年十一届三中全会实施改革开放方针期间，我国主要通过行政手段配置和管理水资源，其特点是国家养水、福利供水、计划配水。这种模式导致水资源国家所有权形同虚设、水资源市场失去生存空间、水资源价格严重扭曲、水资源利用效率低下。当时人们普遍认为，水资源是重要的生产资源，根据马克思主义关于在社会主义制度下生产资料公有、不是商品的理论，水资源使用权或取水权不得转让。十一届三中全会以后，面对水资源日益稀缺和改革开放的新形势，我国开始对水资源进行管理，实行改革。这种改革主要体现在两个方面：

（1）宏观方面，即强调和加强政府对水资源的宏观控制，一方面加强区域调水措施解决水源问题，一方面强化对流域分水计划和分水协议的保障机制，现行的制度主要有取水许可和水资源有偿使用制度、用水定额和总量控制制度。

（2）微观方面，即加强政府对供水部门的行政管理和水产品的价格改革。

这种改革仍然是行政指令配置水资源模式的延续，没有重视和引入至关重要的水资源利益机制和市场机制，导致水资源危机愈加恶化。

由于我国水资源的自然分布不平衡状况，作为一个人口大国、缺水大国，我们更应该加强水资源的管理，然而现实中水资源管理问题却频频出现。

当代中国水资源管理模式中存在的问题主要体现在三个方面：

(1) 治水的指导思想落后，"人类中心主义"，导致治水走上片面的工程技术之路，工具理性至上。

(2) 基本制度存在缺陷：法律不完善，体制不统一，产权不明晰，水价不合理，节水没规范，治污缺乏力度，方法不先进。

(3) 水资源管理方式手段落后。

总之，水资源危机是人类自己造成的，是人类面临的一个重大问题，需要国家、社会、民众的高度重视，共同行动，采取措施，这样才能避免水危机的进一步恶化，并最终解除水危机。

7.3 水资源管理模式比较

归纳概括起来主要有以下几种基本类型：

(1) 水资源国家集权管理模式，即"中央统一领导、分级负责"的管理模式。

(2) 水资源统一管理模式，即以江河、湖泊水系内自然流域的水资源管理为中心，对流域内与水资源相关的水能、水产、航运、土地等多种资源实行统一管理的综合水资源管理模式，主要以美国的田纳西流域管理为代表。

(3) 水资源分权管理模式，即以地方行政辖区或按照水资源的不同功能为基础的行政区域管理模式。

(4) 水资源公众参与管理模式，是基于水资源的某种经济、社会功能、用途设立或委托专门的机构负责所有涉水事务的水资源管理模式，采取这一模式的国家主要以日本为代表。

这四种管理模式的指导思想、基本特征、基本制度等均有差异，对其加以总结、比较，具有很好的价值与意义。

对水资源管理模式进行探讨，主要是基于以下几个目的：

(1) 效益最大化。对水资源开发利用的各项环节（规划、设计、运用），都要拟定最优化准则，以最小投资取得最大效益。

(2) 地表水和地下水统一规划，联合调度。地表水和地下水是水资源的两个组成部分，存在互相补给、互相转化的关系，开发利用任一部分都会引起水资源量的时空再分配。充分利用水的流动性质和储存条件，联合调度地表水和地下水，可以提高水资源的利用率。

（3）开发与保护并重。在开发水资源的同时，要重视森林保护、草原保护、水土保持、河道湖泊治理、污染防治等工作，以取得涵养水源、保护水质的效应。

（4）水量和水质统一管理。由于水资源的污染日趋严重，可用水量逐渐减少，因此在制定供水规划和用水计划时，水量和水质应统一考虑，规定污水排放标准和制定切实的水资源保护措施。

7.3.1　水资源国家集权管理模式

新制度经济学中的国家理论为国家集权管理体制作出诠释，国家凭借其垄断权力，通过建立官僚等级组织体系，对资源的开发、配置、利用和保护提供了约束规范和博弈规则。从产权经济学角度看，水资源的公共产权性质，国家作为所有者，为限制个人利益最大化行为，保证所有者权利的实现，国家可直接实行管理和控制。政府在提供外在制度上享有合法的垄断权，通过提供外在制度实施自己的保护职能，政府等级组织体系可以在不同层次上设计和执行各种外在制度，降低协调成本和执行成本。

在今天的社会，水资源国家集权管理已经发生了很大的变革，不再是传统社会下的那种集权管理了，但是政府在水资源管理中的作用仍然很重要，而且在不断强化，这种强化体现在政府管理水资源的理念、方法手段及技术上。

7.3.2　水资源统一管理模式

水资源统一管理目前正成为世界各国广泛认同的科学管理模式。水资源统一管理体制不同于水资源国家集权管理体制。国家集权管理体制是从管理主体角度，强调了水资源管理主体是国家政府部门，解决了由谁管理的问题。水资源统一管理体制是在充分考虑水资源特殊属性的前提下，为提高水资源系统的整体效益，从水资源管理的科学内容角度，界定水资源管理体制。国家集权管理体制是沿着水资源国家所有—水资源具有哪些功能—对水资源管理职能划分—设立相应部门—行使管理职权的思路展开的。统一管理体制是沿着水资源自然和经济属性—涉及哪些用水活动—如何协调各种用水活动—建立相应组织机构—行使管理职权的思路展开的。因此，水资源统一管理更多的关注了各种用水活动的统一、各种水资源属性的统一、各用水主体的统一、各水资源管理职能的统一，而不仅仅是将原先分散到各部门的水资源管理职能统一到一个部门，即统一行政，科学的统一管理更强调协调的重要性。

7.3.3　水资源分权管理模式

水资源分权式管理容易调动各地方政府的积极性，地方政府更了解当地的水资源环境条件，获取的有关时间和信息的成本比较低，获取当地各用水主体的策略行为的信息成本比较低。但是，低层政府管理官员的任期制、职位晋升制度，容易诱使他们产生追求政绩的动机，从而引发水资源管理的短视行为，重开发利用、轻保护，并且对跨流域之间的用水行为，各地方出于自身利益，用水冲突加剧，协调成本增加。

水资源分权管理容易呈现"多龙治水"的特点，形成了在流域上"条块分割"、在地域上"城乡分割"、在职能上"部门分割"、在制度上"政出多门"的局面。导致城市和农村在防洪减灾、城乡供水等方面不可避免地争取自身利益最大化；在同一地域内，水资源由水利、市政、环保等多个部门分别管理，形成管理水量的不管水的质量，管理水源的不管理供水，管理排水的不管理治污，管理治污的不管理水的回收利用等格局；水资源管理各部门相互之间难以沟通，各自在本部门的管理范围内，制订管理法规和规章，造成管理职能相互交叉，各级政府水行政主管部门统管水资源的职责被大大弱化。

7.3.4　水资源公众参与管理模式

水资源管理措施的实施，关乎每个人的利益，公众是水资源管理制度执行群体中的重要组成部分。只有社会公众认识到水资源的稀缺性及其价值，不合理的行为带来的后果，只有大多数人理解并参与水资源管理，才能保证水资源管理制度、政策的实施；更多的人、更多的组织参与决策和分配，不仅可以避免少数官僚和技术专家集团的认识局限而带来的不合理决策方案，而且也可以避免因某些利益相关者未能参与而导致的不公平和无效的方案。公众参与水资源管理，能够增加对自己行为结果的预期，减少不良行为的发生，促使合作行为的出现。同时，社会公众能够反应不同层次、不同立场的人群对水资源管理的意见、态度和建议，当地群众更了解本地的水资源特征的时空信息，可弥补国家管理水资源信息不完全的缺陷，使决策方案更能适应当地环境条件，增加了决策方案的合理性和可接受程度。

公众参与管理模式尽管可以提高决策方案的合法性，增强决策方案的适应性，但是在具体运行中也存在着诸多障碍因素：

（1）由于水资源的基础属性、多用途性，涉及人数众多，成员之间的异质性特征，达成一致意见的协调成本较高，按照奥尔森的集体行动理论：集团规模越大，个人提供公共物品的消极性越强，搭便车的潜能越大，集团越大，供给能力越弱。西方学者实验证明"囚犯困境"博弈合作的实现需要博弈次数足够多、参与者的数量及范围清晰界定、参与者行为和行为结果的同质性和对非合作策略实施惩罚的成本。

（2）由于人数众多，参与者对自己参与决策结果的预期与事实往往有一定的差距，从而导致参与者"用脚投票"行为的发生，降低了决策质量。

（3）由于参与者搜集信息等也要付出一定的成本，往往具有搭便车的倾向。

（4）受社会公众的文化素质的限制，科学知识的缺乏以及社会经济条件、政治环境条件的限制，公众的参与积极性较低。因此，参与式管理模式的关键是建立公众参与的机制和信息共享机制，按照贡献与利益相符原则构建公众参与机制和信息共享机制。在水资源管理中，由于水资源系统的复杂性、流动性和人的认识能力的局限，有关水资源的信息是不完全的；同样，由于涉及众多用水主体，各经济主体策略行为具有不可观察性，或者是由于搜集信息的成本高，信息不对称问题也普遍存在。作为政府部门，具有搜集信息的优势，应建立水资源形势定期预报、公告、信息披露制度，通过网络等现代管理技术，使社会公众掌握更多的信息。通过政治民主协商机制建立水资源信息交流平台，通过论坛、听证会等形式建立信息分享机制，从而消除信息不完全和信息不对称问题。

本章主要从历史的角度，对人类在治理水资源过程中的智慧成果作一比较分析，这些成果是人类集体智慧的结晶。四种管理模式各有优点，在相应历史时期发挥了重要作用，即使在今天它们仍然发挥着主要功能。所以研究它们，就是要结合国家实际，选择合适的治理模式，确保国家江河安澜、百姓无忧，实现国家水资源科学合理的配置，发挥它的最大综合效益。

7.4　高原湖泊水资源管理协商机制建设

对于我国高原湖泊的现状来讲，水资源管理协商主要考虑的是选择一种多元价值理念的沟通与协商，根据人们的多元化价值取向，让公众及各种涉水组织积极参与集体决定，对水资源中的问题进行民主协商；在处理水资源冲突和矛盾的过程中，注重自然规律、生态环境，追求"人水和谐"的境界，使得多元价值主体在协商中得到统一。这种多元价值协商的水资源和谐体系包括以下三个方面。

7.4.1　追求和谐价值理念

和谐观体现在主体的行为上，反映在主体之间的关系上。对于水资源管理中和谐的价值追求，主要通过三个渠道实现：

（1）水资源管理中具有直接行为和利益的主体主张人水和谐的价值要求，采用直接参与协商及决策的方式予以实现。

（2）由政府充当"人水和谐"的价值需求主体参与水资源的协商和决策，采用行政干预、财政工具和行政执法予以实现。

（3）由非直接主体的公民、社团和舆论代言"人水和谐"的价值主张，采用舆论及媒体影响和立法手段予以实现。无论是当地居民、政府、社团或是公民作为人水和谐的代言人，人水和谐要能够在价值层面上真正进入到我国水资源管理的文化理念体系中并受到广泛接受，能够借助协商的方式进入三个渠道予以伸张。重要的是，人水和谐是一个具有广泛包容性的价值理念，强调人们在治水过程中的策略和工具的选择能够与人类长远发展的利益相符合。所以，在水资源管理的协商过程中，要能够形成一个充分包容不同的水资源价值追求的公共空间，使得各种主体在平等、自由的沟通环境中，采用广泛的政治、经济和文化手段，为人水和谐的共同价值追求与治水行为相统一创造可能。

7.4.2　树立人本的价值目标

水资源的矛盾本质上就是人与人之间的利益矛盾。首先，由于在水资源载体上维系着不同的人与人之间政治经济的关系，人们通过水资源的供给和分配体系界定这种关系。这种由社会生产消费结构、技术水平和水文化体系组成的错综复杂的水资源供给和分配体制，充满着价值观和利益的冲突。其次，作为公共事务的水资源的供给和配置，在水资源管理中就会表现为组织和组织之间、地区和地区之间、国家和国家之间的水事关系。

人本的价值就是强调不仅要关注人的需求，更重要的是追求人与人的和谐。这在水资源管理中表现为水资源管理的体制和谐、区域和谐两个方面。体制和谐是指水资源管理的各子系统内部诸要素自身、各子系统内部诸要素之间以及各子系统之间在供给和配置意义上的协调和均衡，即以水资源为载体的社会经济关系的和谐。这种体制和谐要求不同的政治主体、经济主体和自然人在体制的供给、维系和变革的过程中能够以自由、平等地表述，达成一致的意见。无论采用市场机制或是行政机制，多主体可以在体制的选择、制度的制定、资源的提供和运行的监督方面进行充分、自主的沟通和协商，至此，水资源管理才能在体制和谐的基础上体现人本精神、人本关怀。区域和谐表现为水资源管理的集体行动在区域跨度上的和谐。由于涉及区域内个体的利益和区域间主权的协商，所以区域和谐的水资源管理主要是通过区域政府之间协商进行的。以一个共同的水环境为载体，由于水资源具有自然流动的特性，地区之间的水资源管理和谐是建立在区域协调发展的基础之上的。因各地区之间自然资源禀赋不同，随着生产的社会化和地域分工的深化，国家之间、地区之间以共同水环境为联系的相互影响越来越深，进而地区间也由此发生了冲突、依赖和协调发展的情况。以协商为基础的水资源区域和谐的实质是以理性为基础的一种水资源问题的政治经济解决过程。在区域协商中，平等、公平和共同参与是协商机制运行的基础；由于利益相关方的公平参与、相互妥协、相互让步、增进了解，各利益主体比较容易地建立起共同遵守的合约、自我约束与相互监督相结合的一种自律管理模式；水资源管理的协商结果是各地区共同意志的体现，在我国的水资源区域协商中，这种和谐有着国家意志的保障，包括政策、法律、法规的保障，地区间的协商有效性和合法性必须建立在广泛的公共利益基础之上。

7.4.3　树立可持续发展的理念

可持续发展的理念是既要有效保护和合理利用水资源、保护生态环境，充分利用水资源，又要确保大自然能够承受，资源与环境不衰退；既考虑眼前，又考虑未来。因此：

（1）加强监督管护，最大限度地减少开发建设过程中造成的人为破坏，遏止生态环境恶化的趋势，保护好现有的资源，彻底改变掠夺式的无限制地向大自然索取的做法，使生态系统得到休养生息，实现可持续发展。

（2）要加快水问题、水危机治理的步伐，为促进城乡协调发展和区域协调发展奠定基础。

（3）加强对群众的宣传教育，使社会公众与组织牢固树立保护水资源和生态环境就是保护生产力、保护财富、保护未来、保护自己的观念。

7.5　高原湖泊水资源管理协商机制运行

协商在运行机制上考虑的主要是水资源管理中影响各主体决策的工具和策略选择，其目标主要是激励直接的利益主体积极参与到水资源协商中来，同时保护和平衡他们的相互利益，并通过相关利益主体的监督和国家法律法规对水资源开发利益集团进行规制。不管是国家政府、流域机构、地方政府还是参与水资源管理的非政府组织或公众，在协商过程中都会面临水资源管理决策选择的问题。在冲突面前，各主体都会根据自身的利益要求和目标采取相应的行为对策。如果主体间就具体的水资源冲突中可供选择的策略和工具进行一定程度地协商，建立各方信息的交流机制，并对这些信息进行评估，然后再相互选择达成一致意见，最后解决水资源的冲突和矛盾。这将是一种理性的正确选择。

首先，在水资源管理协商机制中，利用行政手段提供包括行政权威在内的国家行政资源，破除行业、部门、地区分割，形成跨行业、跨地区、跨部门的地表水和地下水统一管理的行政协商体系，同时建立水量、水质、生态补偿机制和恢复机制。

其次，在水资源管理协商机制中，利用市场手段，弥补行政手段的不足，树立新的水价值观，建立以水权为核心、水价为手段、水资源有偿使用的水市场机制和水权保护机制，运用经济杠杆来组织、调节和影响水资源管理主体的活动，从经济上规范人们的行为，在此基础上协调跨界水资源的冲突和矛盾。

我国应积极培育具有公益目标追求的高原湖泊保护非政府组织，提供良好的社会空间、制度保障和资源扶持，鼓励各种形式的非政府组织参与高原湖泊水能开发的协商治理，进而将分散的公众直接参与整合为公共政策协商的重要载体和平台，形成多主体利益平等协商的和谐机制。政府应鼓励公众和社团利用现有宪政民主参与的组织和机制，在立法、司法和行政等方面实现水能开发的协商参与，逐步改变水能开发中政府独立决策的局面。在公众和社团协商意识和力量比较薄弱的情况下，政府应积极提供更多的资源、渠道和信息，并用立法的形式予以规定，促进公众和社团参与水能开发管理。同时，应着重建设以流域为单位的地区政府间水能开发协商组织和协商程序，加强信息交流和共享，并利用协商民主的形式使地区政府的非制度分权加快向制度分权过渡。在建设协商的政治、经济和社会机制的基础上，各利益主体之间的工具和策略选择应基于一种整合式的水资源协商去达成，即协商双方通过识别额外的水资源管理价值、收益和其他派生资源以达到共同效用的增加，从而创新资源。在此过程中，水资源协商的各方应遵循开放心胸分享信息、对己方关切点坦承直言、双方对彼此的需求保持敏感度、有能力彼此信任、双方都有意愿保持弹性等原则，在某些水资源管理项目上作出牺牲，以换取其他主体放在其他项目上的回报，协商的关键是识别协商双方相容的利益成分，并创造资源。

参 考 文 献

[1] 凌子微，仝欣楠，李亚红，等．处理低污染水的复合人工湿地脱氮过程［J］．环境科学研究，2013，26（3）：320～325.

[2] 张瑞斌，钱新，郑斯瑞，等．垂向移动式生态床与生态浮床对低污染水净化效果的比较［J］，2012，31（11）：1705～1710.

[3] 翟玥．洱海流域入湖河流污染分析及人工湿地处理技术研究［D］．上海：上海交通大学，2013.

[4] 陈江涛．粉末活性炭与MBR一体化处理微污染水的试验研究［D］．武汉：武汉科技大学，2012.

[5] 李潇潇．含PDMDAAC复合混凝剂的强化混凝脱浊效能及机制［D］．南京：南京理工大学，2012.

[6] 金相灿，胡小贞．湖泊流域清水产流机制修复方法及其修复策略［J］．中国环境科学研究院湖泊生态环境创新基地，2010，30（3）：374～379.

[7] 马钟瑛．微絮凝——纤维过滤去除微污染水中藻类的研究［D］．山东：华东大学，2009.

[8] 张旭．新型水处理剂高铁酸钾处理微污染水的研究［D］．重庆：重庆大学，2011.

[9] 李四林．水资源危机——政府治理模式研究［C］．北京：中国地质大学，2012：118～141.

[10] 马克·史密斯，皮亚·庞萨帕．环境与公民权：整合正义、责任与公民参与［C］．侯艳芳，杨晓燕，译．山东：山东大学出版社，2012：53～79.

[11] 中华人民共和国国际湿地公约履约办公室，湿地保护管理手册．见：马广仁等编［C］．北京：中国林业出版社，2013：99～106，139～143.

[12] 张峰华，王学江，等．河道原位处理技术研究进展［J］．四川环境，2010，29（1）：100～105.

[13] 保继刚，孙九霞，等．社区参与旅游发展的中西差异［J］．地理学报，2006，61（4）：401～403.

[14] 张宏，杨新军，李邵刚，等．社区共管：自然保护区资源管理模式的新突破［J］．中国人口-资源环境，2004，14（3）：127～137.

[15] 欧恒春．生态旅游中的社区参与问题［J］．商业时代-理论，2004，36：70～71.

[16] 孙远军，李小平，黄廷林，等．受污染沉积物原位修复技术研究进展［J］．水处理技术，2008，34（1）：14～18.

[17] 温东辉，李璐，等．以有机污染为主的河流治理技术研究进展［J］．生态环境，2007，16（5）：1539～1545.

[18] 焦燕，金文标，赵庆良，等．异位/原位联合生物修复技术处理受污染河水［J］．中国给水排水，2011，27（11）：59～63.

[19] 谭庆莉．云南和顺镇旅游规划中的社区参与研究［J］．科技情报开发与经济，2009，19（9）：157～159.

［20］翁瑾，杨开忠，等．重渡沟"景区公司＋农户"的旅游产业组织模式研究［J］．经济经纬，2004，1：135～138.

［21］任啸．自然保护区的社区参与管理模式探索——以九寨沟自然保护区为例［J］．旅游科学，2005，19（3）：16～20.

［22］徐旌．"富营养化湖泊治理及湖泊管理昆明国际讨论会"综述［J］．云南地理环境研究，2002，14（2）：94～98.

［23］高阔，甘筱青．"公司＋农户"模式：一个文献综述（1986～2011）［J］．经济问题探索，2012（2）：109～115.

［24］张元．北京湿地生态系统保护与管理对策研究［D］．北京：北京林业大学，2009.

［25］赵绘宇，汤臣栋．国外湿地立法之体例、宗旨与管理体制研究［J］．林业经济，2006（11）：38～41.

［26］王同新．杭州市湿地保护与管理模式［J］．湿地科学与管理，2009，5（1）：18～21.

［27］骆林川．城市湿地公园建设的研究［D］．辽宁：大连理工法学，2009.

［28］初彩霞，蔡为民，冯学超．湿地自然保护区社会化管理模式研究［J］．生态环境，2008：142～146.

［29］氧化塘处理技术亟待发展，人民日报，第二版．1988年11月11日．

［30］赵庆良，兰永寸．附着生长废水稳定蟥（AGWSP）的性能［J］．国外环境科学技术，1990，9.

［31］郭建欣．苏联净水技术发展现状，国外农业环境保护，1988，2.

［32］Nitrogen and Phosphate Removal by Zeolite – Rare Earth Adsorbents. 2009 Conference on Environmental Science and Information Application Technology（ESIAT 2009）Wuhan, China, July 4～5, 2009.

［33］Bin Li, Xiwu Lu, Ping Ning. Kinetic model for phosphorus removal from pre – dams by earth adsorbent. 2009 International Conference on Energy and Environment Technology, ICEET2009, Guilin, China.

［34］Simulation of Flow Field in Pre – reservoirs and Phosphorus Elimination during Rainstorm. 2010 Environmental Pollution and Public Health, EPPH2010.

［35］NING Ping, BART Hans – J¨org, LI Bin. Phosphate removal from wastewater by model – La（Ⅲ）zeolite adsorbents. Journal of Environment Science, 2008, 20（6）：670～674.

［36］Min Wu, Bo Pan, Di Zhang, et al. The sorption of organic contaminants on biochars derived from sediments with high organic carbon content［J］. Chemosphere, 2012.

［37］Lijuan Jia, Ping Ning, Guangfei Qu. Research on New Method of Mapping Highland Lake Isobath and Horizontal Surface Distance, The International Conference on Management Science and Artificial Intelligence, Henan, 2010, 5726～5729.

［38］Lijuan Jia, Ping Ning, Guangfei Qu. Research on New Method for Mapping Terrain and Landscape of Complex Environment, The 1st International Workshop on Construction, Environment, Transportation; Henan, 2010, 1733～1736.

［39］Zhizhong Ren, Ping Ning, Lijuan Jia, et al. Biogas production from cow manure in an experimental 20m³ reactor with a jet mixing system, Advanced Materials Research, 2012, 518 ~ 523: 3290 ~ 3294.

[40] Libing Chu, Jianlong Wang. Comparison of polyurethane foam and biodegradable polymer as carriers in moving bed biofilm reactor for treating wastewater with a low C/N ratio [J]. Chemosphere 83 (2010): 63 ~ 68.

[41] Zhang D, Pan B, Zhang H, et al. Contribution of different sulfamethoxazole species to their overall adsorption on functionalized carbon nanotubes. Environ. Sci. Technol. 44, 3806 ~ 3811.

[42] Weizhong Wu, Feifei Yang, Luhua Yang. Biological denitrification with a novel biodegradable polymer as carbon source and biofilm carrier [J]. Bioresource Technology 118 (2012): 136 ~ 140.

[43] Min Wu, Bo Pan, Di Zhang, et al. The sorption of organic contaminants on biochars derived from sediments with high organic carbon content. Chemosphere, 2012, 31: 137 ~ 145.

[44] 李彬, 吕锡武, 宁平, 等. 河口前置库控制面源污染研究进展 [J]. 水处理技术, 2008, 34 (9): 1 ~ 6.

[45] 吕锡武, 李彬, 宁平, 等. 湖泊"肾"之衰竭——湖滨湿地的退化 [J]. 生态经济, 2009, 8: 13 ~ 18.

[46] 张仁锋, 宁平, 李彬, 等. 东大河口湖滨湿地净化入滇池河水研究 [J]. 水处理技术, 2009, 35 (5): 95 ~ 97.

[47] 贾丽娟, 宁平, 等. 高原湖泊等深线测绘新方法研究, 大地产测量与地球动力学 [J]. 2012, 32 (4): 67 ~ 70.

[48] 金竹静, 杨逢乐, 叶金利. 生物接触氧化法原位修复受污染河水的效果 [J]. 中国给水排水, 2012, 28 (3): 36 ~ 39.

[49] 吴文卫, 杨逢乐, 金竹静. 仿生填料在模拟河道中净污效果实验研究 [J]. 江西农业学报, 2011, 23 (11): 168 ~ 170.

[50] 赵祥华, 吴文卫, 杨逢乐, 等. 滇池沉积物对磷的吸附特性研究 [J]. 昆明理工大学学报 (理工版), 2008, 33 (6): 82 ~ 85.

[51] 陈宁, 吴敏, 许菲, 等. 滇池底泥制备的生物炭对菲的吸附 – 解吸 [J]. 环境化学, 2011, 30 (12): 2026 ~ 2031.

[52] 宋任彬, 韩亚平, 潘珉, 等. 滇池外海沉水植物生态环境调查与分布特点分析 [J]. 环境科学导刊, 2011, 30 (3): 61 ~ 64.

[53] 白晓华, 胡维平, 胡志新. 2004年夏季太湖梅梁湾席状漂浮水华风力漂移入湾量计算 [J]. 环境科学, 2005, 26 (6): 57 ~ 60.

[54] 孔德平, 杨发昌, 范亦农, 等. 大理洱源西湖村水污染负荷分析及对策措施 [J]. 环境科学与技术, 2012, 35 (12): 86 ~ 90.

[55] 白晓华, 李旭东, 周宏伟. 汾河流域梯级水库群水沙联合调节计算 [J]. 水电能源科学, 2002, 20 (3): 51 ~ 85.

[56] 孔德平, 白晓华, 田军. 湖滨湿地社区共管的初步探索—以滇池外海南部白鱼河口湿地为例 [J]. 环境科学导刊, 2011, 30 (2): 42 ~ 44.

［57］白晓华，刘伟龙．岷江上游季风期水文要素趋势分析［J］．中国科技信息，2009，15，21～23．

［58］白晓华．太湖山地强降雨事件中不同水体的氮磷负荷分析［J］．环境科学导刊，2009，28（4）：71～74．

［59］陈永根，白晓华，李香华．中国8大湖泊冬季水气界面甲烷通量初步研究［J］．湖泊科学，2007，19（1）：11～17．

［60］赵祥华，殷晓松，金晓瑾．安宁市车木河水库治理中表流湿地技术应用［J］．环境科学导刊，2009，28（4）：71～74，2013，32（2）：45～49．

［61］魏才健，吴为中，杨逢乐，等．多级土壤渗滤系统技术研究现状及发展［J］，环境科学学报2009，29（7）：1351～1357．

［62］吴文卫，陈建中，潘波，等．城市浅水湖泊沉积物与上覆水之间磷的行为研究［J］．江西农业学报，2007，19（6）：118～120．

［63］赵祥华，吴文卫，杨逢乐．滇池沉积物对磷的吸附特性研究［J］．昆明理工大学学报，2008，33（6）：82～85．

［64］杨逢乐，吴文卫，陈建中．滇池沉积物中磷的释放行为研究［J］．环境科学与技术，2009，32（11）：48～52．

［65］赵祥华，吴文卫，田军．通海杞麓湖退塘还湖及生态修复工程研究［J］．环境科学导刊，2009，28（1）：41～44．

［66］吴文卫，杨逢乐，赵祥华．污染水体生态修复的理论研究［J］．江西农业学报，2008，20（9）：138～140．

［67］周丹丹，吴文卫．湖滨带基底修复工程技术研究［J］．安徽农业科学，2011，3：56～60．

［68］宋任彬，韩亚平，潘珉，等．滇池外海沉水植物生态环境调查与分布特点分析［J］．环境科学导刊，2011，30（3）：61～64．

［69］刘志宽，牛快快，马青兰，等．8种湿地植物根部泌氧速率的研究［J］．贵州农业科学，2010，4：66～71．

［70］唐光明，吴文卫，杨逢乐．同时硝化反硝化的生态因子研究进展［J］．环境科学导刊，2009，76～79．

［71］吴文卫，周丹丹．磺胺甲基异恶唑与铜离子的络合［J］．安徽农业科学，2010，35（20）：253～255．

［72］吴文卫，吴炳智，陈建中．射流式SBR工艺处理染料废水的研究［J］．应用化工，2007，6：581～583．

［73］魏翔，吴文卫，杨逢乐．碳质材料储氢的研究进展［J］．环境科学导刊，2008，6：54～57．

［74］吴文卫，杨逢乐，李转寿．利用微生物菌剂净化城市河道水质试验研究［J］．环境科学导刊，2013，2：53～65．

［75］金竹静，杨逢乐，叶金利．生物接触氧化法原位修复受污染河水的效果［J］．中国给水排水，2012，28（3）：36～39．

［76］ 杨逢乐，金竹静，王伟．滇池流域受污染河流原位处理技术研究［J］．环境工程，2009，27（3）：17～19．

［77］ 李彬，吕锡武．自回流生物转盘与植物滤床处理农村生活污水［J］．中国给水排水，2007，23（17）：15～18．

［78］ 李彬，吕锡武，钱文敏．分流型地渗系统的污水强化脱氮研究［J］．水处理技术，2007，33（8）：34～37．

［79］ 李彬，吕锡武，钱文敏．改进地渗系统处理分散生活污水启动周期的研究［J］．安全与环境工程，2007，14（1）：39～42．

［80］ 戴丽，杨逢乐，赵祥华．昆明呈贡新城环湖湿地设计思路探讨［J］．环境科学导刊，2007，26（5）：43～46．

［81］ 杨逢乐，金竹静．滇池北岸河流水环境污染现状及防治对策研究［J］．环境科学导刊，2008，27（6）：43～46．

［82］ 赵祥华，田军．利用水资源调配措施改善草海水质的可行性分析［J］．环境科学导刊，2007，3：43～47．

［83］ 赵祥华，王志芸．普者黑湖滨带恢复与管理对策［J］．云南环境科学，2005，S1：34～37．

［84］ 赵祥华，曾昭朝，李建鸿．嵩明县嘉丽泽湿地现状调查及主要环境问题分析［J］．环境科学导刊，2010，6：53～56．

［85］ 赵祥华，夏冬青，曾昭朝．腾冲北海湿地问题诊断与工程对策措施研究［J］．环境科学导刊，2010，3：66～69．

［86］ 曾昭朝，赵祥华，夏冬青．腾冲北海湿地生态系统碳储存功能及价值评估初探［J］．环境科学导刊，2010，3：33～37．

［87］ 金相灿，刘鸿亮，屠清瑛，等．中国湖泊富营养化［M］．北京：中国环境科学出版社，1990．

［88］ 金相灿．湖泊富营养化控制与管理技术［M］．北京：化学工业出版社，2001．

［89］ K E Havens, C L Schelske. The importance of considering biological process when setting total maximum loads for phosphorus in shallow lakes and reservoirs［J］. Env. Pollution, 2001, 113：1～9.

［90］ Armengol J F, Sabater J L, Riera J A, et al. Annual and longitudinal changes in the environmental conditions in three consecutive reservoirs of the GuadianaRiver（Spain）［J］. Arch. Hydrobiol. Beih. Ergebn. Limnol. 1990, 33：679～687.

［91］ Kimmel B T, Lind J, Paulson. Reservoir primary production In Thornton, Kimmel & Payne（eds）, Reservoir Limnology：Ecological Perspectives［J］. Wiley &Sons, New York, 1990, 133～194.

［92］ Omran E Frihya, Ali N Hassanb, Walid R El Sayeda, et al. A review of methods for constructing coastal recreational facilities in Egypt（Red Sea）［J］. Ecological Engineering, 2006, 27：1～12.

［93］ Pütz K. The importance of pre－reservoirs for the water quality management of reservoirs［J］.

J Water SRT - Aqua, 1995, 44 (1): 50 ~ 55.

［94］ 王刚，郭柏权. 于桥水库水体状况分析与污染防治对策 ［J］. 城市环境与城市生态，1999, 12 (2): 27 ~ 28.

［95］ 杨文龙，杨树华. 滇池流域非点源污染控制区划研究 ［J］. 云南环境科学，1996, 15 (3): 3 ~ 7.

［96］ 张毅敏，张永春. 前置库技术在太湖流域面源污染控制中的应用探讨 ［J］. 环境污染与防治，2003, 12 (6): 342 ~ 344.

［97］ Klaus Pütz, Jürgen Benndorf. The importance of pre - reservoirs for the control of eutrophication of reservoirs ［J］. Wat. Sc. Tech. 1998, 37 (2): 317 ~ 324.

［98］ Benndorf J, Pütz K. Control of eutrophication of lakes and reservoirs by means of pre - reservoirs. I. Mode of operation and calculation of the nutrient elimination capacity ［J］. Wat. Res. , 1987, 21: 829 ~ 838.

［99］ Benndorf J, Pütz K. Control of eutrophication of lakes and reservoirs by means of pre - reservoirs. Ⅱ. Validation of the phosphate removal model and size optimization ［J］. Wat. Res. , 1987, 21: 839 ~ 847.

［100］ L Paul. Nutrient elimination in pre - reservoirs of long term studies ［J］. Hydrobiologia, 2003, 504: 289 ~ 295.

［101］ Julia A C, Laura G. Temporary floating island formation maintains wetland plant species richness: The role of the seed bank ［J］. Aquatic Botany, 2006, 85: 29 ~ 36.

［102］ B A Bohn, J L Kershner. Establishing aquatic restoration priorities using a watershed approach ［J］. Journal of Environmental Management, 2002, 64: 355 ~ 363.

［103］ Uwe K, Hendrik D, Robert J, et al. The roach population in the hypertrophic bautzen reservoir: structure, diet and impact on Daphnia galeata ［J］. Limnologica, 2001, 31: 61 ~ 68.

［104］ Vera I, Laszló S. Factors influencing lake recovery from eutrophication - The case of basin 1 of lake balaton ［J］. Wat. Res. 2001, 35 (3): 729 ~ 735.

［105］ Kim Jones, Emile Hanna. Design and implementation of an ecological engineering approach to coastal restoration at LoyolaBeach, Kleberg County, Texas ［J］. Ecological Engineering, 2004, 22: 249 ~ 261.

［106］ Siegfried L Krauss, Tian Hua He. Rapid genetic identification of local provenance seed collection zones for ecological restoration and biodiversity conservation ［J］. Journal for Nature Conservation, 2006, 14: 190 ~ 199.

［107］ K Nalkamura, T Morikawa, Y Shimatani. Pollutants control by the artificial lagoon, Environment System Research ［J］, JSCE. 2000, 28: 115 ~ 123.

［108］ Klapper H. Biologische untersuchungen an den einlaufen undvorbeckend ers aidenbach talsperre ［J］. Wiss. Zeitschr. Karl - Marx - Univ. Leipzig, Math. - Nat. Reihe, 1957, 7: 11 ~ 47.

［109］ Beuschold E. Entwicklungszendenzen der wasserbeschafenheit in den ostharztalsperren ［J］.

Wiss Zeitschr Karl – Marx – Univ. Leipzig Math – Nat Reihe, 1966, 15: 853 ~ 869.

[110] Wilhelmus B, Bemhardt H, Neumann D. Vergleichende untersuchungen über die phosphor – eliminierung von vorsperren DV [J]. GW – Schriftenreihe Wasser Nr. 1978, 16: 140 ~ 176.

[111] Fiala L, Vassata P. Phosphorus reduction in a man – made lake by means of a small reservoir in the inflow [J]. Arch. Hydrobiol, 1982, 94: 24 ~ 37.

[112] Benndorf J, Pütz K, Krinitz H, et al. Die function der vorsperren zum schutz der talsperren vor eutrophierung [J]. Wasserwirtschaft Wassertechnik, 1975, 25: 19 ~ 25.

[113] Nyholm N, Sorensen P E, Olrik K, et al. Restoration of lake nakskov indrefjord denmark, u- sing algal ponds to remove nutrients from inflowing river water [J]. Prog. Wat. Technol. , 1978, 10: 881 ~ 892.

[114] Uhlmann D, Benndorf J. The use of primary reservoirs to control eutrophication caused by nu- trient inflows from non – point sources: Land use impact on lake and reservoir ecosystems pro- ceedings of a regional workshop on MAB Project 5 [C]. Warsaw Facultas Wien, 1980, 152 ~ 188.

[115] M. Salvia, Castellvi, et al. Control of the eutrophication of the reservoir of Esch – sur – Sûre (Luxembourg): evaluation of the phosphorus removal by predams [J]. Hydrobiologia, 2001, 459: 61 ~ 71.

[116] Soyupak L, Mukhallalati, D Yemisen. Evaluation of eutrophication control strategies for the Keban Dam reservoir [J]. Ecological Modelling, 1997 (97): 99 ~ 110.

[117] Paul L, Schrüter K, Labahn J. Phosphorus elimination by longitudinal subdivision of reser- voirs and lakes [J]. Wat. Sci. Tech.. 1998, 37 (2): 235 ~ 243.

[118] Paul L. Nutrient elimination in pre – reservoirs: Results of long term studies [J]. Hydrobio- logia. 2003, 504: 289 ~ 295.

[119] 中村圭吾, 森川敏成, 島谷幸宏. 河口に設置した人工内湖による污濁負荷制御. 琵琶湖研究所所報 [J], 2002, 3, 44 ~ 47.

[120] Suresh A Sethi, Andrew R Selle. Response of unionid mussels to dam removal in Koshkonong Creek, Wisconsin (USA) [J]. Hydrobiologia. 2004, 525: 157 ~ 165.

[121] Sang L, Byeong C K, Hae J. Evaluation of LakeModification Alternatives for Lake Sihwa, Korea [J]. Environmental Management, 2002, 29 (1): 57 ~ 66.

[122] Dimitrios A Markoua, Georgios K Sylaiosa, Vassilios A. Tsihrintzisa. Water quality of Vistonis Lagoon, NorthernGreece: seasonal variation and impact of bottom sediments [J]. Desalina- tion, 2007, 210: 83 ~ 97.

[123] M Li, Y J Wu, Z L Yu, et al. Nitrogen removal from eutrophic water by floating – bedgrown water spinach (Ipomoea aquatica Forsk.) with ion implantation [J]. Wat. Res. , 2007, 41: 3152 ~ 3158.

[124] D A Kovacic, R M Twait, M P Wallace, et al. Use of created wetlands to improve water quality in the Midwest – lake Bloomington case study [J]. Ecological Engineering, 2006,

28: 258~270.

[125] 叶春, 金相灿, 王临清, 等. 洱海湖滨带生态修复设计原则与工程模式 [J]. 中国环境科学, 2004, 24 (6): 717~721.

[126] 边金钟, 王建华, 王洪起, 等. 于桥水库富营养化防治前置库对策可行性研究 [J]. 城市环境与城市生态, 1994, 7 (3): 5~9.

[127] 张永春, 张毅敏, 胡孟春, 等. 平原河网地区面源污染控制的前置库技术研究 [J]. 中国水利, 2006, 17: 15~18.

[128] 田猛, 张永春. 用于控制太湖流域农村面源污染的透水坝技术试验研究 [J]. 环境科学学报, 2006, 26 (10): 1665~1670.

[129] 朱铭捷, 胡洪营, 何苗, 等. 河道滞留塘对河水中有机物的去除特性 [J]. 中国给水排水, 2009, 22 (3): 58~64.

[130] 袁冬海, 席北斗, 魏自民, 等. 微生物–水生生物强化系统模拟处理富营养化水体的研究 [J]. 农业环境科学学报, 2007, 26 (1): 19~23.

[131] 高吉喜, 叶春, 杜娟, 等. 水生植物对面源污水净化效率研究 [J]. 中国环境科学, 1997, 17 (3): 247~251.

[132] A D Karathanasis, C L Potter, M S Coyne. Vegetation effects on fecal bacteria, BOD, and suspended solid removal in constructed wetlands treating domestic wastewater [J]. Eco. Eng., 2003, 20: 157~169.

[133] Kerstin R, Isolde R, Dietrich U. Characterization of the bacterial population and chemistry in the bottom sediment of a laterally subdivided drinking water reservoir system [J]. Limnologica, 2008, 38 (22): 367~377.

[134] Hong Y M. Numerical simulation of laboratory experiments in detention pond routing with long rainfall duration [J]. International Journal of Sediment Research, 2008, 23 (3): 233~248.

[135] Antonina T, Pascal M, Catherine B, et al. Impact of design and operation variables on the performance of vertical–flow constructed wetlands and intermittent sand filters treating pond effluent [J]. Water Research, 2009, 43 (7): 1851~1858.

[136] Wiatkow M. Hydrochemical Conditions for Location of Small Water Reservoirs on the Example of Kluczbork Reservoir [J]. Archives of Environmental Protection, 2009, 35 (4): 129~144.

[137] Klaus Pütz, Jürgen Benndorf. The importance of pre–reservoirs for the control of eutrophication of reservoirs [J]. Wat. Sc. Tech, 1998, 37 (2): 317~324.

[138] 张毅敏, 张永春. 前置库技术在太湖流域面源污染控制中的应用探讨 [J]. 环境污染与防治, 2003, 12 (6): 342~344.

[139] 昆明市滇池生态研究所. 滇池东大河河口前置库净化示范项目可行性研究报告 [R]. 2007.

[140] 云南省水利厅. 云南 2004 年土壤侵蚀现状遥感调查报告 [R]. 2006.

[141] 李小平. 滇池水污染治理中应该注意的几个问题 [R]. 昆明: 中国滇池水污染控制与

技术专题研讨会，2007.

[142] 朱铁群. 我国水环境农业非点源污染防治研究简述 [J]. 农村生态环境，2000，16 (3)：55～57.

[143] 年跃刚，李英杰，宋英伟，等. 太湖五里湖非点源污染物的来源与控制对策 [J]. 环境科学研究，2006，19 (6)：40～44.

[144] Michele M，Giuliano C，Fabio B，et al. River pollution from non – point sources：a new simplified method of assessment [J]. Journal of Environmental Management，2005，77：93～98.

[145] 甘小泽. 农业面源污染的立体化消减 [J]. 农业环境科学学报，2005，15 (5)：34～37.

[146] 杨文龙，杨树华. 滇池流域非点源污染控制区划研究 [J]. 湖泊科学，1998，10 (3)：55～60.

[147] 刘光德，李其林，黄昀. 三峡库区面源污染现状与对策研究 [J]. 长江流域资源与环境，2003，12 (5)：462～466.

[148] 黄晶晶，林超文，陈一兵，等. 中国农业面源污染的现状及对策 [J]. 安徽农学通报，2006，12 (12)：47～48.

[149] 尹澄清，毛战坡. 用生态工程技术控制农村非点源水污染 [J]. 应用生态学报，2002，13 (2)：229～232.

[150] Benndorf J，Pütz K. Control of eutrophication of lakes and reservoirs by means of pre – dams：I mode of operation and calculation of the nutrient elimination capacity [J]. War Res.，1987，21：829～838.

[151] Benndorf J，Pütz K. Control of eutrophication of lakes and reservoirs by means of pre – dams：II. validation of the phosphate removal model and size optimization [J]. Wat Res.，1987，21：839～847.

[152] Klaus Pütz，Jürgen Benndorf. The importance of pre – reservoirs for the control of eutrophication of reservoirs [J]. War Sci Tech.，1998. 37 (2)：317～324.

[153] 金相灿，刘鸿亮，屠清瑛，等. 中国湖泊富营养化 [M]. 北京：中国环境科学出版社，1990.

[154] 金相灿. 湖泊富营养化控制与管理技术 [M]. 北京：化学工业出版社，2001.

[155] 杨京平，卢剑波. 生态修复工程技术 [M]. 北京：化学工业出版社，2002.

[156] Benndorf J，Pütz K，Krinitz H，et al. Die Funktion der Vorsperren zum schutz der Talsperren vor Eutrophierung [J]. Wasserwirtschaft Wassertechnik，1975，25：19～25.

[157] L Paul. Nutrient elimination in pre – dams of long term studies [J]. Hydrobiologia，2003，504：289～295.

[158] D A Kovacic，R M Twait，M P Wallace，et al. Use of created wetlands to improve water quality in the Midwest – Lake Bloomington case study [J]. Ecological Engineering，2006，28：258～270.

[159] Uwe K Hendrik D，Robert J，et al. The roach population in the hypertrophic bautzen reser-

voir: structure, diet and impact on Daphnia galeata [J]. Limnologica, 2001. 31: 61 ~ 68.

[160] Vera I, làszlò S. Factors influencing lake recovery from eutrophication – the case of basin 1 of lake balaton [J] Wat Res. , 2001, 35 (3): 729 ~ 735.

[161] Kim Jones, Emile Hanna. Design and implementation of an ecological engineering approach to coastal restoration at Loyola Beach, Kleberg County, Texas [J]. Ecological Engineering, 2004, 22: 249 ~ 261.

[162] Siegfried L Krauss, Tian Hua He. Rapid genetic identification of local provenance seed collection zones for ecological restoration and biodiversity conservation [J]. Journal for Nature Conservation, 2006, 14: 190 ~ 199.

[163] K Nalkamura, T Morikawa, Y Shimatani. Pollutants control by the artificial lagoon: environment system research [J]. JSCE, 2000, 28: 115 ~ 123 (in Japanese).

[164] Klapper H. Biologische Untersuchungen an den einlaufen und vorbeckenders aidenbach Talsperre [J]. Wiss Zeitschr, Karl – Marx – Univ Leipzig Math – Nat Reihe, 1957, 7: 11 ~ 47.

[165] Beuschold E. Entwicklungszendenzen der Wasserbeschafenheit in den Ostharztalsperren [J]. Wiss Zeitschr, Karl – Marx – Univ Leipzig, Math – Nat Reihe, 1966, 15: 853 ~ 869.

[166] Wilhelmus B, Bemhardt H, Neumann D. Vergleichende Untersuchungen über die Phosphor – eliminierung von Vorsperren [J]. DVGW – Schrifienreihe Wasser Nr. 1978, 16: 140 ~ 176.

[167] Nyholm N, Sorensen P E, Olrik K, et al. Restoration of lake nakskov indrefJord denmark, using algal ponds to remove nutrients from inflowing river water [J]. Prog Wat Technol. , 1978, 10: 881 ~ 892.

[168] Fiala L, Vassata P. Phosphorus reduction in a man – made lake by means of a small reservoir in the inflow [J]. Arch Hydrobiol. , 1982, 94: 24 ~ 37.

[169] Uhlmann D, Benndorf J. The use of primary reservoirs to control eutrophication caused by nutrient inflows from non – point sources: land use impact on lake and reservoir ecosystems proceedings of a regional workshop on MAB Project 5 [C]. Warsaw Facultas Wien, 1980: 152 ~ 188.

[170] S Soyupak, L Mukhallalati, D Yemisen. Evaluation of eutrophication control strategies for the Keban Dam reservoir [J]. Ecological Modelling, 1997, 97: 99 ~ 110.

[171] M. Salvia, Castellvi, et al. Control of the eutrophication of the reservoir of Esch – sur – Sùre (Luxembourg): evaluation of the phosphorus removal by pre – dams [J]. Hydrobiologia, 2001, 459: 61 ~ 71.

[172] 中村圭吾, 森川敏成, 島谷幸宏. 河口に設置した人工内湖による污浊负荷制御 [J]. 琵琶湖研究所所报, 2002, 3 (44): 47.

[173] Paul L, Schrüter K, Labahn J. Phosphorus elimination by longitudinal sub division of reservoirs and lakes [J]. Wat Sci Tech. , 1998, 37 (2): 235 ~ 243.

[174] Paul L. Nutrient elimination in pre – dams: results of long term studies [R]. 4th International Conference on Reservoir Limnology and Water Quality, Ceske Budejovice, Czech Repub-

lic，August 12～16，2002.

[175] Dimitrios A Markoua，Georgios K Sylaiosa，Vassilios A Tsihrintzisa. Water quality of Vistonis Lagoon，Northern Greece：seasonal variation and impact of bottom sediments ［J］. Desalination，2007，210：83～97.

[176] Suresh A Sethi，Andrew R Selle. Response of unionid mussels to dam removal in Koshkonong Creek，Wisconsin（USA）［J］. Hydrobiologia，2004，525：157～165.

[177] 彭文启，周怀东. 入库河流水质改善与对策［C］. 中国水利学会会议论文集，2002：36～41.

[178] 叶春，金相灿，王临清，等. 洱海湖滨带生态修复设计原则与工程模式［J］. 中国环境科学，2004，24（6）：717～721.

[179] 袁冬海，席北斗，魏自民，等. 微生物－水生生物强化系统模拟处理富营养化水体的研究［J］. 农业环境科学学报，2007，26（1）：19～23.

[180] Sang L，Byeong C K，Hae J. Evaluation of lalke modification alternatives for Lake Sihwa［J］. 2002，29（1）：57～66.

[181] 徐祖信，叶建锋. 前置库技术在水库水源地面源污染控制中的应用［J］. 长江流域资源与环境，2005，14（6）：792～795.

[182] 朱铭捷，胡洪营，何苗，等. 河道滞留塘对河水中有机物的去除特性［J］. 中国给水排水，2006，22（3）：58～64.

[183] 边金钟，王建华. 于桥水库富营养化防治前置库对策可行性研究［J］. 城市环境与城市生态，1994，7（3）：5～9.

[184] 张永春，张毅敏，胡孟春，等. 平原河网地区面源污染控制的前置库技术研究［J］. 中国水利，2006，17：15～18.

[185] 田猛，张永春. 用于控制太湖流域农村面源污染的透水坝技术试验研究［J］. 环境科学学报，2006，26（10）：1665～1670.

[186] 张毅敏，张永春. 前置库技术在太湖流域面源污染控制中的应用探讨［J］. 环境污染与防治，2003，12（6）：342～344.

[187] 阎自申. 前置库在滇池流域运用研究［J］. 云南环境科学，1996，15（6）：33～35.

[188] 杨文龙，杜娟. 前置库在滇池非点污染源控制中的应用研究［J］. 云南环境科学，1996，12（4）：8～10.

[189] B A Bohn，J L Kershner. Establishing aquatic restoration priorities using a watershed approach［J］. Journal of Environmental Management，2002，64：355～363.

[190] 任南琪. 污染控制微生物学［M］. 哈尔滨：哈尔滨工业大学出版社，2002.

[191] Hans Carlsson，Henrik Aspegren. Interactions between wastewater quality and phosphorus release in the anaerobic reactor of the EBPR process ［J］. Wat Res. ，1996，30（6）：1517～1527.

[192] 郑兴灿，李亚新. 污水除磷脱氮技术［M］. 北京：中国建筑工业出版社，1998.

[193] 徐亚同. 废水生物除磷系统的运行与管理［J］. 给水排水，1994，20（6）：20～23.

[194] Zhi－rongHu，M C Wentzel. Anoxic growth of phosphate—accumulating organisms（PAOs）

inbiological nutrient removal activated sludge systems ［J］. Wat Res., 2002, 36: 4927 ~ 4937.

［195］ Smolders G J F, van der mejj J. Model of the anaerobic metabolism of the biological phosphorus removal process: Stoichiometry and pH influence ［J］. Biotechnol Bioeing, 1994, 43 (6): 461 ~ 470.

［196］ 国家城市给排水工程技术研究中心译. 污水生物与化学处理技术 ［M］. 北京: 中国建筑工业出版社, 2001.

［197］ W C Chang, R J Chiou. Effect of anaerobic conditions on activated sludge filamentous bulking in laboratory systems ［J］. Wat Res., 1987, 21 (12): 1541 ~ 1546.

［198］ 邱慎初, 丁堂堂. 探讨城市污水生物处理出水的总磷达标的问题 ［J］. 中国给水排水, 2002, 18 (9): 23 ~ 25.

［199］ M A Rodrigo, A Seco. Influence of sludge age enhanced phosphorus removal in biological systems ［J］. Wat Sci Tech., 1996, 34 (1/2): 41 ~ 48.

［200］ Leslie Grady C P, Dagger Glen T. Biological wastewater treatment (2nd) ［M］. New York: Marcel Dekker Inc, 1999.

［201］ 吴云波, 郑建平. 滆湖入湖污染物控制对策研究 ［J］. 环境科技, 2010 (增1): 12 ~ 14, 19.

［202］ 陶花, 潘继征, 沈耀良, 等. 滆湖沉水植物概况及退化原因分析 ［J］. 环境科技, 2010, 23 (5): 64 ~ 68.

［203］ 李彬, 吕锡武, 宁平, 等. 河口前置库技术在面源污染控制中的研究进展 ［J］. 水处理技术, 2008, 34 (9): 1 ~ 6, 10.

［204］ 景连东, 敖鸿毅, 刘剑彤, 等. 人工浮床运用于入湖河流原位净化模拟研究 ［J］. 湖泊科学, 2011, 23 (5): 708 ~ 718.

［205］ 张毅敏, 张永春, 高月香, 等. 河湖相连水系水体污染控制技术与策略 ［J］. 生态与农村环境学报, 2010, 26 (增刊1): 9 ~ 13.

［206］ 张永春, 张毅敏, 胡孟春, 等. 平原河网地区面源污染控制的前置库技术研究 ［J］. 中国水利, 2006 (17): 14 ~ 18.

［207］ K LAPPER H. Biologische Untersuchungen an Den Einlaufen and Vorbeckenders Aidenbach Talsperre ［J］. Wiss Zeitschr, Karl - Marx - Univ Leipzig Math - Nat Reihe, 1957, 7: 11 ~ 47.

［208］ Benndorf J, Pütz K. Control of Eutrophication of Lakes and Reservoirs by Means of Pre - Dams: II. Validation of the Phosphate Removal Model and Size Optimization ［J］. Water Research, 1987, 21 (7): 838 ~ 847.

［209］ 张永春. 前库: 控制水库富营养化的生态学途径综述 ［J］. 水资源保护, 1989, 28 (4): 52 ~ 58.

［210］ 边金钟, 王建华, 王洪起, 等. 于桥水库富营养化防治前置库对策可行性研究 ［J］. 城市环境与城市生态, 1994, 7 (3): 5 ~ 10.

［211］ 张毅敏, 张永春, 左玉辉. 前置库技术在太湖流域面源污染控制中的应用探讨 ［J］.

环境污染与防治，2003，25（6）：342～344.

[212] 环境保护部南京环境科学研究所. 湖口区天然能源驱动的前置库系统：中国，201010573769.4［P］.2011－07－27.

[213] 杨文龙，黄永泰，杜娟，等. 前置库在滇池非点污染源控制中的应用研究［J］. 云南环境科学，1992，11（1）：16～19.

[214] 徐祖信，叶建锋. 前置库技术在水库水源地面源污染控制中的应用［J］. 长江流域资源与环境，2005，14（6）：792～795.

[215] 胡宏祥，朱小红，黄界颖，等. 关于沟渠生态拦截氮磷的研究［J］. 水土保持学报，2010，24（2）：141～145.

[216] 程伟，程丹，李强. 水生植物在水污染治理中的净化机理及其应用［J］. 工业安全与环保，2005，31（1）：6～9.

[217] 边归国，赵卫东. 沉水植物化感作用抑制藻类生长的研究进展［J］. 福建林业科技，2011，38（4）：168～178.

[218] 杨佘维，谢可军，赵婷，等. 植物－土壤渗滤法对农村生活污水的处理工艺研究［J］. 安全与环境工程，2009，16（1）：51～53，57.

[219] 张志勇，常志州，刘海琴，等. 不同水力负荷下风眼莲去除氮、磷效果比较［J］. 生态与农村环境学报，2010，26（2）：148～154.

[220] 张根芳，邓闽中，方爱萍. 蚌、鱼养殖模式对水体富营养化控制作用的研究［J］. 中国海洋大学学报：自然科学版，2005，35（3）：491～495.

[221] 费志良，严维辉，赵沐子，等. 三角帆蚌清除富营养化水体中叶绿素 a 的研究［J］. 南京师大学报：自然科学版，2006，29（3）：99～102.

[222] Klapper H. Biologische Untersuchungen an den einlaufen und vorbeckenders aidenbach Talsperre［J］. Wiss Zeitschr, Karl－Marx－Univ Leipzig Math－Nat Reihe, 1957, 7：11～47.

[223] Beuschold E. Entwicklungszendenzen der Wasserbeschafenheit in den Ostharztalsperren［J］. Wiss Zeitschr, Karl－Marx－Univ Leipzig, Math－Nat Reihe, 1966, 15：853～869.

[224] Wilhelmus B, Bemhardt H, Neumann D. Vergleichende Untersuchungen über die Phosphor－eliminierung von Vorsperren［J］. DVGW－Schrifienreihe Wasser Nr. 1978, 16：140～176.

[225] Benndorf J, Pütz K, Krinitz H, et al. Die Funktion der Vorsperren zum schutz der Talsperren vor Eutrophierung［J］. Wasserwirtschaft Wassertechnik, 1975, 25：19～25.

[226] Benndorf J, Pütz K. Control of eutrophication of lakes and reservoirs by means of pre－dams：I mode of operation and calculation of the nutrient elimination capacity［J］. War Res., 1987, 21：829～838.

[227] Uhlmann D, Benndorf J. The use of primary reservoirs to control eutrophication caused by nutrient inflows from non－point sources：land use impact on lake and reservoir ecosystems proceedings of a regional workshop on MAB Project 5［C］. Warsaw Facultas Wien, 1980：152～188.

[228] 张永春. 前库：控制水库富营养化的生态学途径综述［J］. 水资源保护，1989，28

(4)：52～58.

[229] 边金钟，王建华，黄洪起. 于桥水库富营养化防治前置库对策可行性研究 [J]. 城市环境与城市生态，1994，7 (3)：5～9.

[230] 杨文龙，黄永泰，杜娟. 前置库在滇池非点污染源控制中的应用研究 [J]. 云南环境科学，1996，12 (4)：8～10.

[231] 阎自申. 前置库在滇池流域运用研究 [J]. 云南环境科学，1996，15 (6)：33～35.